畜禽养殖主推技术丛书

生猪养殖主推技术

掌子凯　刘长春　主编

中国农业科学技术出版社

图书在版编目 (CIP) 数据

生猪养殖主推技术 ／ 掌子凯，刘长春主编． — 北京 ： 中国农业科学技术出版社，2013.6

（畜禽养殖主推技术丛书）

ISBN 978-7-5116-1229-8

Ⅰ．①生… Ⅱ．①掌…②刘… Ⅲ．①养猪学 Ⅳ．① S828

中国版本图书馆 CIP 数据核字 (2013) 第 040870 号

责任编辑	闫庆健　　李冠桥
责任校对	贾晓红
出 版 者	中国农业科学技术出版社
	北京市中关村南大街 12 号　　　　邮编：100081
电　　话	(010) 82106632（编辑室）　(010) 82109704（发行部）
	(010) 82109709（读者服务部）
传　　真	(010) 82106625
网　　址	http://www.castp.cn
经 销 商	各地新华书店
印 刷 者	北京华正印刷有限公司
开　　本	787 mm × 1 092 mm　1/16
印　　张	9.25
字　　数	219 千字
版　　次	2013 年 6 月第 1 版　　2015 年 8 月第 2 次印刷
定　　价	39.80 元

编委会

我国是世界养猪大国，养猪业是我国畜牧业发展的主导产业，具有"猪粮安天下"的战略意义。2011 年，我国生猪存栏 46766.9 万头，出栏 66170.3 万头，分别比 2006 年增长 11.75% 和 8.11%；猪肉产量 5053.1 万吨，比 2006 年增长 8.66%，位居世界第一位。近年来，我国养猪业加快转型升级，生产方式发生了巨大变化，正由传统养猪业向现代养猪业转变，由粗放型饲养向技术集约型、资源高效利用型、环境友好型转变。据行业统计，2011 年，我国年出栏生猪 500 头以上规模养殖比重达到 36.63%，比 2010 年增加 2.09%。

为了进一步推动生猪标准化规模养殖，促进养猪业生产方式转变，加快科技成果转化，全国畜牧总站组织各省畜牧总站、高校、研究院所的专家 20 余人，经过会议讨论、现场调研考察等途径，深入了解分析制约我国生猪产业健康发展的关键问题，认真梳理生猪产业的技术需求，总结归纳了大量的生猪养殖典型案例，从而凝练提出了针对不同养殖环节适宜推广的主推技术，编写了《生猪养殖主推技术》一书。该书主要内容包括：种猪选择与繁育技术、饲养管理技术、设施化养猪技术、生态健康高效养猪技术模式和母猪繁殖障碍性疾病综合防制技术 5 个方面，共十几项主要技术。对提高我国生猪的标准化、精细化养殖水平，提升基层畜牧技术推广人员的科技服务能力和养殖者的劳动技能及生产管理水平具有重要的指导意义和促进作用。

该书图文并茂，内容深入浅出，介绍的技术具有先进、适用的特点，可操作性强，是各级畜牧科技人员和生猪养

前言 —————— **P**reface —————————

殖场（户）生产管理人员的实用参考书。

参与本书编写工作的有各省畜牧技术推广部门、科研院校的专家学者。由于编写时间仓促，书中难免有疏漏之处，敬请批评指正。

编者

2013 年 3 月

Contents 目录

目录   Contents

Contents 目录

第一章 种猪选择与繁育技术

第一节 种猪现场选种的关键技术

一、技术概述

养猪生产已经步入专业化、规模化的现代养猪生产阶段，从生产的产品类型来分，养猪生产企业可以简单地区分为种猪生产和商品猪生产两种。种猪生产以生产种猪或二元繁殖母猪以及公猪的精液为主要产品，其中核心工作是通过遗传育种的手段，生产优质的种猪资源。种猪的遗传改良是提高种猪质量的核心技术，种猪的现场选择是种猪改良的重要手段。

二、主要内容

（一）种猪的选种流程

现代种猪场的育种工作已经是一项日常工作，融入了现代养猪的生产工艺流程中，如图 1-1 所示，种猪选育工作是养猪生产流程：配种、妊娠、分娩、保育以及生长育成等生产环节中的一项日常工作。

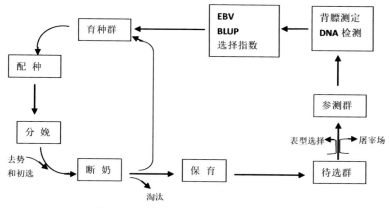

图 1-1 养猪生产与猪育种工作流程

（二）种猪现场选种的主要技术指标

种猪的现场选择的主要技术指标包括：种猪的品种特征、总体的体型结构以及乳头数量和结构、生殖器结构、肢蹄结构、有无遗传缺陷。

1. 品种的特征

种猪生产主要是进行纯种生产，所以选种首先要求选择的种猪品种特征明显，现在国内种猪生产的主流品种是大白、长白和杜洛克三大品种，每个品种都有其品种的特征，选种时必须根据各个品种的特点进行选种（图1-2）。

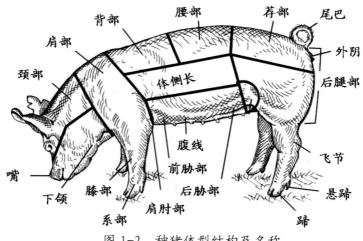

图1-2 种猪体型结构及名称

2. 体型结构理想、健康状况良好

种猪的体型结构总的要求是各大部位匀称，相互之间的连接平滑，相互之间平衡；体长并且体深（图1-3）。

图1-3 种猪理想体型示意图

不同用途的种猪，体型外貌的要求略有不同，例如，对于父系种公猪，除了种猪的总体要求以外，还特别要求体格健壮结实，对于母系种猪，则更加要求种猪个体体型适当、结构合理，具有较强的协调性。

3. 理想的外生殖器

种猪生殖器官与种猪的繁殖性能密切相关，种猪生殖器官也是可遗传的性状，所以外生殖器的形状、大小对于种猪的选择非常重要。

种公猪要求睾丸大，并且两侧对称，防止包皮积液以及软鞭等影响公猪配种行为的性状。

母猪的选择要求外阴大小适中，防止幼儿外阴、上翘外阴，这些外阴表现往往预示母猪的繁殖性能比较低，会出现一些繁殖障碍（图1-4）。

图 1-4　种公猪理想的睾丸和外生殖器示意图

4. 乳头结构、数量符合要求

种猪的腹线（即乳房和乳头）对于种猪来说十分重要，它与种猪的繁殖性能，尤其是种猪的哺乳能力和泌乳性能密切相关。腹线的评价根据乳头的数目、位置、形状以及有无缺陷等几个方面进行。

种猪的有效乳头数量一般要求在 6 ～ 7 对，结构要求大小适中，与铅笔的橡皮擦相似，并均匀排列于腹线的两侧，乳头之间的空间距离均匀且充足。防止瞎乳头、小乳头、反转乳头等异常的乳头（图 1-5）。

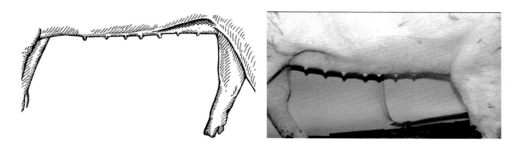

图 1-5　种猪理想腹线示意图

在实际的育种工作中，对母系种猪，腹线的评价需要更加的严格，因为良好的腹线，种猪的泌乳性能会更好，即母猪能够提供更多、更好的哺乳和断乳仔猪，从而提高母猪的断奶生产力。对于父系种猪，常规的腹线评定就能满足现场选种的要求。

5. 正确的肢蹄结构

种猪的肢蹄结构总体的要求是四肢呈自然姿态，表现为行走的姿态自然，防止卧系，曲腿等不良的四肢结构（图 1-6 至图 1-8）。

在实际的育种工作中，肢蹄结构的评价比较复杂，分前后肢、系与蹄等部分分别进行评价。理想型的前肢应该是从肩部到蹄部呈直线型，膝盖处有一定的角度。应该防止 O 型

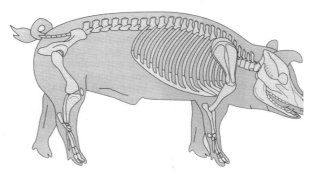

图 1-6　种猪理想骨骼结构和肢蹄结构示意图

或 X 型等有缺陷的肢型。系部应该自然有一定的曲线，防止系部过度直立，这样会形成蹄尖走路，同时也防止系部过卧，形成卧系。

理想的蹄部应该是蹄趾均匀、形状正常、位置合理且两蹄间无过大的裂隙。防止蹄趾不均、两蹄间裂隙过大或蹄部过长等缺陷。

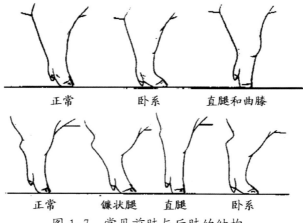

图 1-7　常见前肢与后肢的结构

图 1-8　种猪外貌评定现场

三、成效与案例

1. 国际种猪育种公司的现场选种

种猪的现场选种是当今国际大型育种企业常用的技术手段，海波尔加拿大种猪育种公司（Hypor Inc. Canada）制订现场选择的标准。该标准根据海波尔种猪特点，按照前肢和系部、后肢和系部、四肢的蹄部、腿臀部、背腰部、肩部、体长、体高、腹部以及理想型种猪 10 项指标对种猪的体型外貌进行评分，根据评分结果进行种猪的现场选择。

该现场选种的各项指标都采用评分的方式，严重缺陷为 1 分，轻度缺陷为 2 分，一般情况为 3 分，结构较好为 4 分，完美的为 5 分，然后根据评分的高低进行现场选种。

2. 我国种猪的现场选种

种猪的现场选种在我国种猪生产企业也同样受到重视，北京生猪生产创新团队制订了"种猪外貌等级评定标准"，该标准主要包括品种特性、躯体、生殖器官、性格四大项，头部特性等 11 个细目，采用评分的方式进行种猪的现场选种。

该等级评定标准也是采用 5 分评级制，然后根据项目的重要程度进行加权得到最后的评分的分值。

第二节 种猪生产性能测定技术

一、技术概述

根据其测定方式分为中心测定与场内测定。场内测定是在本场内进行种猪性能的测定和记录，评估结果供本场遗传改良服务。主要用于：育种场种公猪和后备母猪的选择；鉴别不同品种、品系的优秀个体；提供经测定的优秀种猪等。场内测定可使测定数量最大化，但场间环境存在较大的变异。中心测定是指将种猪集中在相对一致的环境下饲养，以评估各项性状性能的差异。主要用于：为种猪场技术人员进行种猪性能测定和记录的培训与示范；比较不同个体种猪生产性能（如生长速度、饲料转化率、背膘厚度等）的差异；为种猪场、商品猪场、人工授精站提供经测定的优良种猪等。

生产性能测定是家畜育种中最基本的工作，它是其他一切育种工作的基础，没有性能测定，就无从获得上述各项工作所需要的各种信息，家畜育种就变得毫无意义。如果性能测定不是严格按照科学、系统、规范化规程去实施，所得到的信息的全面性和可靠性就无从保证，其价值就大打折扣，进而影响其他育种工作的效率，有时甚至会对其他育种工作产生误导。有鉴于此，世界各国，尤其是养猪业发达的国家，都十分重视生产性能测定工作，并逐渐形成了科学、系统、规范化的性能测定系统。我国的猪育种工作的总体水平与世界发达国家相比有较大差距，造成这种差距的主要原因之一就是缺乏严格、科学和规范的生产性能测定，它严重影响了其他育种工作的开展和效率，因而需要格外引起重视。

二、主要内容

生产性能测定包括测定方法的确定、测定结果的记录和管理、测定的实施3个方面，在这3个方面所要掌握的一般原则如下。

（一）测定方法

这里的测定方法包括所使用的测定设备、测定部位、测定操作程序等。测定方法的选择上要遵循以下几个原则。

①所用的测定方法要保证所得的测定数据具有足够高的准确性和精确性。准确性是指测定的结果的系统误差的大小（是否有整体偏大或偏小的趋势），精确性是指如果对同一个体重复测定所得的结果的可重复程度。

②所用的测定方法要有广泛适用性。我们的育种工作常常并不只限于一个场或一个地区，一切应以保证足够的精确性为前提。

③尽可能地使用经济实用的测定方法。以降低性能测定的成本，提高育种工作的经济效益。

下面简单介绍测定设备、部位与程序。

1. 测定设备

称重设备：电子秤、磅秤等，目前普遍采用电子秤。

膘厚测定设备：早期采用探针法，手术刀，该方法目前已不采用。随着超声技术的发展，越来越多地应用于动物育种中。早期的超声机利用一种单相的超声探头，向动物发射一种单向声波。这些仪器称作 A 型超声波仪，用于给出确定解剖部位的脂肪和肌肉厚度的一个单点估计。科技的发展扩大了超声机的用途，把多重探头组合成线阵，可以估计脂肪厚度、肌肉厚度、肌肉面积和肌肉周长。这种增强机称作 B 型超声波仪或实时超声波仪，能非常精确地给出动物组织图像。实时超声波在 20 世纪 80 年代的商业应用，提高了脂肪和肌肉活体估计的准确性，同时也提高了这些性状的遗传进展（图 1-9）。

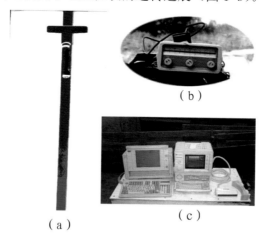

（a）测膘用探针；（b）点标式 A 型超声波测膘仪；（c）B 型超声波仪
图 1-9　主要膘厚测定设备

采食量测定设备：在种猪群体饲养环境下对猪只生长状况、采食量、采食行为进行记录的设备。该类设备能有效和经济地在种猪群体饲养环境下持续测定各个体的生长数据，系统自动记录每次采食的时间、采食持续时间、饲料消耗量和个体猪体重，数据传送到主电脑后，由系统操作软件生成测定报告：软件自动计算任意生长阶段个体日增重，结合采食量记录，自动计算个体任意生长阶段饲料报酬，并可对个体采食量、日增重和饲料报酬进行有序排列和汇总等（图 1-10）。

图 1-10　采食量测定设备（摄自广东省种猪测定中心）

2. 测定部位

测定部位选择的基本要求：一是要能代表全身肥肉或瘦肉的部位；二是选择测定部位后，所有种猪场应按同样的部位进行测定。早期采用 A 型超声波仪测定时，通常对肩胛后缘、最后肋、荐部前缘三点测定，然后计算均值，早期研究认为该均值与猪只瘦肉率相关性最高。由于肩胛后缘、荐部前缘二点测定难度较大，技术人员在位置选择上的差异会导致测定数据差异很大，因此，一些种猪场开始采用仅测定第 10 ～ 11 肋或最后肋一点膘厚。

随着 B 超的广泛应用，测定位置逐步统一为第 10 ～ 11 肋（为方便确定位置，通常为倒数第 3 ～ 4 肋）（图 1-11）。

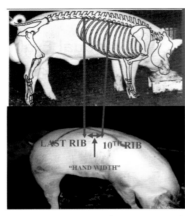

图 1-11　测定部位选择
（图片由美国依阿华州立大学 Tom Bass 提供）

3. 测定操作程序

由于目前国家正推广使用 B 型超声波技术，这里仅以 B 型超声波仪为例说明膘厚和眼肌面积的测定程序。

第一步，在进行超声测量时，应该尽可能地限制动物的活动，以有利于收集到标准的超声图像。测量时，通常把猪放到带笼子的秤上，限制其活动。注意不要收集猪躺下或跪下的图像。

第二步，动物保定后，下一步是要确定探头的位置。超声波测量的标准位置是在第10 和第 11 肋骨之间，为有利于胴体测量与超声测量进行比较，尽可能用同一侧的测量结果（我国规定统一测定左侧）。

第三步，把植物油或声学胶敷于猪的背部（在参考点的上方）。因为超声探头是线形的，而猪的背部是弯曲的，为了使探头充分接触到猪背部的曲线上，超声导板必须连接在探头上（图 1-12）。为了获得高质量的图像，必须覆盖一层植物油或耦联剂在超声导杆上探头的整个表面，以及超声导板与动物皮肤之间探头的整个表面。要清除毛上的泥土以及外来的异物，它们会夹住气泡或干扰声波进入或返回的有效耦联。每次扫描之前都要敷油。

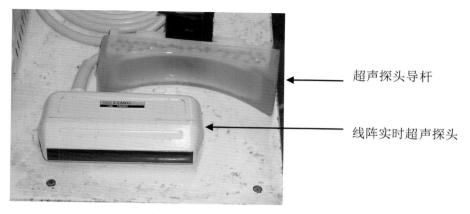

超声探头导杆

线阵实时超声探头

图 1-12   实时超声探头与超声导板

第四步，敷用耦联剂以后，把探头垂直放置到动物脊柱上。探头的角度应与肋骨的角度相匹配，定位到第 10 到第 11 肋间界面上进行扫描。探头应保持与猪的外表皮垂直，倾斜的眼肌面积图像会造成高估实际眼肌面积。

第五步，所获得的图像确定确切的解剖位置（第 10 和第 11 肋骨界面）。确定适当位置的最好方法包括：确定探头前方位置的一个重要因素就是超声图像中出现斜方肌。斜方肌位于眼肌近端（上部），在第 9 到第 10 肋骨界面处，斜方肌经常出现在图像中，并且在第 9 到第 10 肋骨前方所有位置都存在。斜方肌的存在就好像是第 4 层皮下脂肪。当斜方肌存在时，应该重新定位探头，大约后移一根肋骨，观测图像以确保图像中没有斜方肌。

另外，在解剖学上，棘肌大小和形状对于确定探头位置也十分重要。棘肌或冠肌出现在眼肌左上角（图 1-13）。第 10 和第 11 肋骨的界面或这个位置之前的超声波图像中可以见到棘肌，但在这个位置的棘肌通常是很小的。在第 10 和第 11 肋骨之后的界面上成像不会出现棘肌。但是，超声图像中斜方肌比棘肌更容易鉴别。因此，使用斜方肌作为解剖位置的一个标志符更为实际。一旦将探头放在参考点上，控制台上就会出现一个清晰的图像，从图像中可以看出斜方肌是存在还是不在。如果图像中没有斜方肌，探头应该逐渐向前滑

斜方肌

棘肌

背最长肌

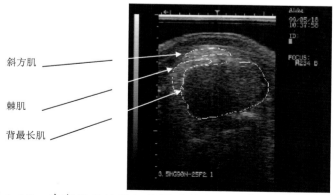

图 1-13   清晰显示的眼肌周围的斜方肌和棘肌的超声图像
椭圆形包括斜方肌、方形包括棘肌
（图片由美国依阿华州立大学 Tom Bass 提供）

动，直到超声图像中第一次明显地出现斜方肌。一旦斜方肌明显出现，技术员应该向后滑动探头直到图像中不再出现斜方肌。在有斜方肌出现的界面后的第 1 个界面就是第 10 和第 11 肋骨的界面。

同时，还应注意的是第 10 肋骨上方的脂肪厚度是均匀的（厚度相似）。第 10 肋骨之前，由于斜方肌的存在，第 3 脂肪层的厚度变得不均匀。

第六步，记录一个清晰而又准确的图像，解读图像，获得准确测量值。获得精确超声波图像，要注意不要有肋骨压入眼肌，肋骨在超声波图像中背最长肌下方，应该出现两条几乎平行的线是比较理想的。出现肋骨意味着技术员应该向前、向后或旋转探头的角度，使肋骨从图像中去除。在旋转和移动探头时，必须注意使探头与皮肤垂直（图 1-14）。

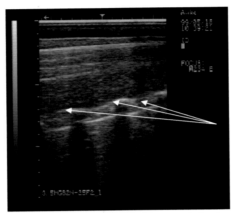

当探头被定位在距背中线纵向5厘米时，眼肌厚度和面积的变化

图 1-14　无超声导杆的纵向超声图，显示眼肌厚度和肋骨的存在
（图片由美国依阿华州立大学 Tom Bass 提供）

此外，在测量猪的膘厚时，皮是包括在内的。一般猪的眼肌上方都有 3 层皮下脂肪，在膘很厚的猪中，第 3 脂肪层很明显，在很瘦的猪中，很难看到第 3 脂肪层。但是，所有的猪都有 3 层皮下脂肪（图 1-15）。

在解读膘厚时一般较容易，解读眼肌面积要比膘厚难。因为测定眼肌面积需要解读的信息量大于估计膘厚。通常采用画出中部回声标志的轮廓来界定眼肌面积。眼肌面积的背部和腹部（上部和下部）边界通常很亮、容易界定并且比较容易解读。多数技术人员一般都体验过画出侧面边界的困难。这些边界通常不清晰，难以界定。当侧面边界不清晰时，就需要某种程度的主观性。画出上下边界的轮廓后，图像解读人员必须试图通过上下边界（通过描出这两条线的斜线）集合于眼肌面积的侧面边界线来画出侧面边界（图 1-16）。注意超声图像上和胴体横切面观测图上背侧眼肌的角度和存在的多裂肌，不要将多裂肌和棘肌并入眼肌面积中。

（二）测定结果的记录与管理

①对测定结果的记录要做到简洁、准确和完整。要尽量避免由于人为因素所造成的数

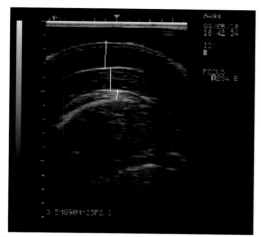

图 1-15 描述位于眼肌上方的 3 个单独的脂
肪层的超声图像
（图片由美国依阿华州立大学 Tom Bass 提供）

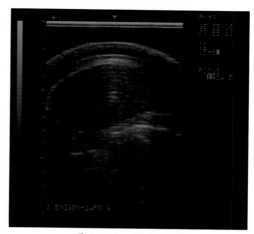

图 1-16 眼肌图像
（图片由美国依阿华州立大学
Tom Bass 提供）

表 1-1 种猪成长性能测定记录表

国家生猪核心育种场现场数据采集表　　　　　　　　　No. ＿＿＿＿＿＿

CSGIP

场：＿＿＿＿＿＿＿ 舍：＿＿＿＿＿　　　　单位：毫米、平方厘米、千克

序	栏	耳号	性别	品种	开测日期	开测体重	终测日期	终测体重	膘厚1	膘厚2	膘厚3	膘厚4	眼肌面积	采食量
1														
2														
3														
4														
5														
6														
7														
8														
备注														

第一联 计算机室

测定员：＿＿＿＿＿＿　　　　记录：＿＿＿＿＿＿　　　　审核：＿＿＿＿＿＿

据的错记、漏记。为此，要尽可能地使用规范的记录表格进行现场记录（表 1-1）。

②标清影响性状表现的各种可以辨别的系统环境因素（如年度、季节、场所、操作人员、所用测定设备等），以便于遗传统计分析。

③对测定记录要及时录入计算机数据管理系统，以便查询和分析，对原始记录也要进行妥善保管，以便必要时核查。

（三）我国生猪遗传改良计划实施方案中要求的必测性状和建议测定性状

根据我国目前种猪选育现状和性能测定基础，在我国生猪遗传改良计划实施方案中要求的必测性状为：

生长性能：①达 100 千克日龄；② 100 千克活体背膘厚；③ 100 千克活体眼肌面积；这 3 个性状可根据猪只在 85 ～ 115 千克体重范围时测定的实测值校正得到。

繁殖性能：①总产仔数；② 21 日龄窝重（根据实际断奶窝重校正得到）。

除了以上必测性状，我国生猪遗传改良计划实施方案中还建议对以下性状进行测定或记录：

生长性能：① 30 ～ 100 千克日增重；② 100 千克肌内脂肪含量；③采食量；④饲料转化效率。

繁殖性能：①产活仔数；②产仔间隔；③初产日龄。

有条件的种猪场还可进行胴体和肉质性状的测定。

（四）性能测定的基本形式

从实施性能测定的场所来分，性能测定可分为中心测定和场内测定。

1. 中心测定

中心测定是指将所有待测个体集中在一个专门的性能测定站中，在一定时间内进行性能测定。

这种测定形式的优点是：①由于所有个体都在相同的环境条件（尤其是饲养管理条件）下进行测定，个体间在被测性状上所表现的差异就主要是遗传差异，因而在此基础上的个体遗传评定就更为可靠；②容易保证做到中立性和客观性；③能对一些需要特殊设备或较多人力才能测定的性状进行测定。

其缺点是：①测定成本较高；②由于成本高，测定规模受到限制，因而选择强度也相应较低；③在被测个体的运输过程中，容易传播疾病；④在某些情况下，利用中心测定站的测定结果进行遗传评定所得到的种猪排队顺序与在生产条件下这些种猪的实际排队顺序不一致，造成这种不一致的原因是"遗传－环境互作"，也就是说同一种基因型在不同的环境中会有不同的表现。由于我们选出的种猪是要在生产条件下使用的，因而在用中心测定的结果来选择种猪时要特别谨慎。

随着猪人工授精技术以及水帘、空气过滤等环境控制设备的推广应用，种公猪的饲养环境、健康控制措施等均获得突破性改进，将种公猪饲养在一个相对一致、营养水平较高、优越的环境进行测定，更能保证种公猪遗传潜能的充分发挥，从而准确地选择遗传上优秀的种公猪，并通过人工授精发挥其效应。

2. 场内测定

场内测定是指直接在各个猪场内进行性能测定，也不要求在统一的时间内进行。其优缺点正好与中心测定相反，此外，在各场间缺乏遗传联系时，各场的测定结果不具可比性，因而不能进行跨场的遗传评定。

自20世纪80年代以来，由于新的遗传评定方法（如动物模型BLUP）能够有效地校正不同环境的影响，并能借助不同猪群间的遗传联系进行种猪的跨群体比较，也由于人工授精技术的发展，为种公猪的跨群体使用创造了条件，从而增加了群间的遗传联系，这样就使场内测定的一些重要缺陷得到了弥补，因而场内测定逐渐称为猪性能测定的主要方式，而测定站测定则主要用于种公猪的测定和选择，同时也用于一些需要大量人力或特殊设备才能测定的性状，如胴体性状、肉质性状等。在我国，中心测定站还用于新品种（配套系）的审定提供权威测定数据。

（五）场内测定的基本要求

1. 生长性能测定

（1）测定数量的要求

国家生猪核心育种群应保证其纯繁后代在测定结束（体重为85～120千克）时必须保证每窝至少有1公和2母用于生长性能测定，用于育种群更新的个体必须每头均有测定成绩（包括引进种猪也应完成性能测定），并鼓励进行全群测定。有条件的种猪场可对杂交后代进行性能测定。

（2）测定环境的要求

测定舍：根据我国现阶段养猪环境和设施化水平，理想测定环境是采用自动通风换气、温湿度控制、硬地面设计猪舍，测定舍应与生长育肥舍区分，通过猪流动、测定设备固定的方式进行。

测定设备：称重设备要求精度在100克以上的电子秤，使用B型超声波仪进行膘厚和眼肌面积的测定，B超探头应为12厘米以上的线阵探头，保证横向扫描时眼肌一次成像。采食量的测定应采用电子记录饲喂设备进行。

测定技术人员：性能测定技术人员必须接受统一的培训，并取得相应资格。理想模式是由固定的测定人员进行区域性或全国性巡回测定。

管理条件：受测猪的营养水平、卫生条件、饲料种类及日常管理应相对稳定，应由专人进行饲养管理。

测定猪只：受测猪必须来源于本场育种群的后裔，编号清楚，符合本品种特征、健康、生长发育正常、无外形受损症和遗传缺陷。

（3）测定程序

预试：受测猪进入种猪测定舍后，按性别、体重分开饲养，观察、预试10～15天。

测定：当体重达（30±3）千克时开始测定，受测猪中途出现疾病应及时治疗，如生长受阻应淘汰并称重。当体重达85～120千克时，称重并用B超测定眼肌面积、膘厚。

有条件的育种场可通过自动计料系统准确记录测定期耗料，并计算测定期饲料转化效率。

对每头测定猪只提供以下完整记录：种猪个体号，出生日期，始测日期，始测体重，结测日期，结测体重，背膘厚，眼肌面积，测定期耗料等。

2. 繁殖性能测定

对每头核心群母猪记录每个胎次的完整的繁殖记录，包括种猪个体号，胎次，本胎首次配种日期，本胎末次配种日期，本胎配种次数，与配公猪，产仔日期，产仔数，产活仔数，公仔数，母仔数，出生窝重，寄入、寄出头数，断奶日期，断奶窝仔数，断奶窝重等。

3. 屠宰测定

按中华人民共和国农业行业标准 NY/T 825-2004《瘦肉型猪胴体测定技术规范》进行屠宰测定。

（六）中心测定站测定的基本要求

1. 送测猪的要求

①送测猪场为省级原种猪场或经所在区域畜牧兽医行业主管部门确认准备申报省级原种猪场的种猪场，须持有所在县（含县级）以上兽医防疫检疫机构签发的产地检疫合格证书，确认 3 个月内未发生国家规定的一、二类传染病。农业部每年对部分国家生猪核心育种场进行监测。

②送测猪送测前完成口蹄疫、猪瘟、伪狂犬病等疫病的免疫注射。

③送测猪发育正常，无任何遗传缺陷，肢蹄结实。

④送测猪为纯种猪，须提供 3 代以上系谱资料、出生记录、性别，并参加区域性或全国性纯种猪登记。

2. 测定程序

送测猪只进入中心后，重新打上耳牌、称重、消毒猪体，以场为单位送隔离舍饲养观察 1 ~ 2 周。隔离饲养期间喂给高能量、高蛋白饲料，以保证送测猪平稳过渡至相对一致的健康状况。

测定重量范围为 30 ~ 120 千克，在此期间主要度量平均日增重、饲料转化率、膘厚、眼肌面积。当猪只体重达（30±3）千克时开始测定，分品种、性别、测定组进行饲养，饲喂测定料，随机采食，采用自动饲喂计量系统统计所耗饲料，计算其日增重、饲料转化效率，将结果反馈给各种猪场。当猪只体重达 85 ~ 120 千克时，结束测定，统计所耗饲料，利用 B 型超声波扫描仪测定倒数第 3 ~ 4 肋处膘厚、眼肌面积，计算测定期日增重、饲料转化率、产肉量。

三、成效与案例

  1994 年广东省立项建设广东省种猪测定中心，于 1995 年 10 月建成投入使用，至今已成功开展 33 期中心种猪测定，并成功地举办了 33 届种猪展销会。这些活动大大促进了猪选育种工作，使种猪质量水平有了较大提高。目前，广东省最优 30%（Top 30%）猪群 30 ～ 100 千克体重日增重已达 920 克以上，100 千克体重平均膘厚在 12.0 毫米以下，已接近养猪发达国家水平。广东省 1995 年前每年需从外省引进种猪近万头，但自 1999 年以来，销往外省的种猪十多万头。

第三节 猪人工授精技术

一、技术概述

猪人工授精技术是进行科学养猪、实现养猪生产现代化的重要手段。近年来，随着养猪生产方式的不断转变，采用人工授精技术发展养猪生产，已经成为提高养猪业生产水平的必然要求。

值得一提的是，猪人工授精技术作为支撑现代养猪业发展的关键技术，也是养猪生产中的一种管理工具和技术体系，其作用的发挥与整个养猪技术体系的实行密不可分。养猪从业者必须学会并且持续应用这一工具和体系，以最大限度地发挥其潜力。本节将就人工授精技术体系进行详细阐述，力求对我国猪人工授精技术地进一步推广和普及起到良好的作用。

二、主要内容

（一）猪人工授精技术规程

1. 公猪调教

调教年龄：后备公猪 7 ~ 8 月龄可开始调教，已本交配种的公猪也可进行采精调教。

调教方法：将成年公猪的精液、包皮部分泌物或发情母猪尿液涂在假台猪后部，将公猪引至假台猪训练其爬跨，也可用发情母猪引诱公猪，待公猪性欲兴奋时，快速隔离母猪，调教公猪爬跨台猪；每天可调教 1 ~ 2 次，每次调教时间不超过 15 分钟。

2. 采精方法

采精公猪的准备：剪去公猪包皮部的长毛。将公猪体表脏物冲洗干净并擦干体表水渍。

采精器件的准备：集精器置于 38℃ 的恒温箱中备用，并准备采精时用于清洁公猪包皮内污物的纸巾或消毒清洁的干纱布等（图 1-17 至图 1-19）。

图 1-17　采精杯

图 1-18　纸巾

图 1-19　滤纸

配制精液稀释液：配制所需量的稀释液，置于水浴锅中预热至 35℃（图 1-20）。

精液质检设备的准备：调节质检用的显微镜，开启显微镜载物台上恒温板以及预热精子密度测定仪。

精液分装器件的准备：精液分装器、精液瓶或袋等（图1-21）。

图1-20　预热稀释液　　　　图1-21　一次性采精袋

采精程序与方法：

用0.1%高锰酸钾溶液清洗其腹部和包皮，再用温水清洗干净。

采精员一手持37℃集精杯（内装一次性食品袋并覆盖2～3层纱布），另一手戴双层乳胶手套，挤出公猪包皮积尿，按摩公猪包皮部，刺激其爬跨假台猪，待公猪爬跨假台猪并伸出阴茎，脱去外层手套，用手紧握伸出的公猪阴茎螺旋状龟头，顺其向前冲力将阴茎的"S"状弯曲延直，握紧阴茎龟头防止其旋转。待公猪射精时收集浓份或全份精液于集精杯内，最初射出的少量（5毫升左右）精液不接取，直到公猪射精完毕（图1-22至图1-24）。

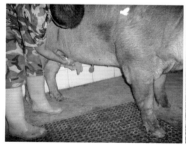
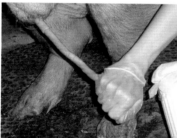

图1-22　挤出包皮积尿　　图1-23　紧握龟头　　　图1-24　采集精液

采精频率：采精频率以单位时间内获得最多的有效精子数决定，做到定点、定时、定人。成年公猪每周采精不超过2～3次；青年公猪每周1～2次。

3. 精液品质检查

采精量：采集精液后称重（图1-25）。

颜色：正常的精液应是乳白色或浅灰白，带有绿色、黄色、淡红色、红褐色等异常颜色的精液应废弃（图1-26）。

气味：猪精液略带腥味，有异常气味应废弃（图1-27）。

图 1-25　称精液重量

图 1-26　看精液颜色

图 1-27　闻精液气味

pH 值：以 pH 值计或 pH 值试纸测量，pH 值的正常范围 7.0 ～ 7.8（图 1-28，图 1-29）。

图 1-28　测 pH 值

图 1-29　测 pH 值

精子活力：在显微镜下观察呈直线运动的精子所占百分率，按 0.1 ～ 1.0 的十级评分法估测，鲜精活力要不低于 0.7。检查活力时载玻片和盖玻片都应 37℃ 预热（图 1-30）。

精子密度：用精液密度仪测定每毫升精液中所含的精子数（图 1-31，图 1-32）。

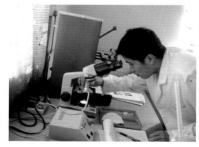

图 1-30　测精子活力

图 1-31　测精子密度

图 1-32　测精子密度

精子畸形率：用普通显微镜或相差显微镜观察精子畸形率，要求畸形率不超过 18%。每头公猪每 2 周检查一次精子畸形率。

填表：填写公猪精液品质检查登记表（表 1-2）。

表1-2　公猪精液品质检查登记表（规范性附录）

采精日期	公猪耳号	采精员	采精量（克）	颜色	气味	pH值	活力	精子密度（亿/毫升）	畸形精子率（%）	总精子数（亿）	稀释后总量（毫升）	稀释液量（毫升）	头份数	检验员	备注

4.精液稀释、分装、贮存和运输

稀释液：稀释液配方参照表1-3。

表1-3　常见几种公猪精液稀释液配方（资料性附录）　单位：克/1000毫升

成　　分	配方一	配方二	配方三	配方四
保存时间（天）	3	3	5	0
D-葡萄糖	37.15	60.00	11.50	11.50
柠檬酸三钠	6.00	3.70	11.65	11.65
EDTA钠盐	1.25	3.70	2.35	2.35
碳酸氢钠	1.25	1.20	1.75	1.75
氯化钾	0.75			0.75
青霉素钠	0.60	0.50	0.60	
硫酸链霉素	1.00	0.50	1.00	0.50
聚乙烯醇（PVP，Type Ⅱ）			1.00	1.00
三羟甲基氨基甲烷（Tris）			5.50	5.50
柠檬酸			4.10	4.10
半胱氨酸			0.07	0.07
海藻糖				1.00
林肯霉素				1.00

按1000毫升、2000毫升剂量称量稀释粉，置于密封袋中。

使用前1小时将称量好的稀释粉溶于定量的双蒸水中，可用搅拌器助其溶解。

用0.1摩尔/升稀盐酸或0.1摩尔/升氢氧化钠调整稀释液的pH值为7.2左右，稀释液配好后应及时贴上标签，标明品名、配制日期和时间、经手人等。配制好的稀释液在1小时后方可用于稀释精液。

稀释液在4℃恒温箱中保存,保存时间不超过24小时。

精液稀释:

精液采集后应尽快稀释,原精贮存不超过20分钟。

稀释液与精液要求等温稀释,两者温差不超过1℃,即稀释液应加热至33～37℃,以精液温度为标准,来调节稀释液的温度,不能反向操作(图1-33)。

稀释时,将稀释液沿集精杯(瓶)壁缓慢加入到精液中,然后轻轻摇动或用消毒后的玻璃棒搅拌,使之混合均匀。

如作高倍稀释时,应先作低倍稀释(1:1)～(1:2),待半分钟后再将余下的稀释液沿壁缓慢加入。

稀释倍数的确定:按输精量为80～100毫升。含有效精子数30亿以上确定稀释倍数。

稀释后要求静置约5分钟再作精子活力检查,活力在0.6以上进行分装与保存。

混合精液:每头公猪的新鲜精液各按1:1稀释,混合后根据精子密度和精液量按稀释倍数计算需加入稀释液的量,混匀后分装。

精液分装:

调好精液分装机,以每80～100毫升为单位,将精液分装至精液瓶或袋(图1-34,图1-35)。

在瓶或袋上应标明公猪品种、耳号、生产日期、保存有效期、稀释液名称和生产单位等。

图1-33 稀释精液　　　　图1-34 精液分装　　　　图1-35 封口

精液贮存:

精液置于25℃下1～2小时后,放入17℃恒温箱贮存,也可将精液瓶或袋用毛巾包严直接放入17℃恒温箱内(图1-36)。

短效稀释液可保存3天,中效稀释液可保存4～6天,长效稀释液可保存7～9天,无论何种稀释液保存精液,应尽快用完。

每隔12小时轻轻翻动1次,防止精子沉淀而引起死亡。

精液运输:

精液运输应置于保温较好的装置内,保持在16～18℃,精液运输过程中避免强烈震动(图1-37,图1-38)。

5. 输精

输精时间:发情母猪出现静立反射后8～12小时进行第1次输精,之后每间隔8～12小时进行第2次或第3次输精。

图 1-36 精液保存

图 1-37 便携式保温箱

图 1-38 车载式恒温运输箱

精液检查：从 17℃ 恒温箱中取出精液，轻轻摇匀，用已灭菌的滴管取 1 滴放于预热的载玻片，置于 37℃ 的恒温板上片刻，用显微镜检查活力，精子活力 0.6 以上，方可使用。

输精管：用清洁、消毒过的输精管进行输精。

输精程序：

输精人员消毒清洁双手。

清洁母猪外阴、尾根及臀部周围，再用温水浸湿毛巾，擦干外阴部。

从密封袋中取出灭菌后的输精管，在其前端涂上润滑液。

将输精管 45° 角向上插入母猪生殖道内，当感觉有阻力时，缓慢逆时针旋转，同时前后移动，直到感觉输精管被子宫颈锁定，确认输精部位。

从精液贮存箱取出品质合格的精液，确认公猪品种、耳号。

缓慢颠倒摇匀精液，用剪刀剪去瓶嘴（或撕开袋口）。接到输精管上，确保精液能够流出输精瓶（袋）。

通过控制输精瓶（袋）的高低和对母猪的刺激强度来调节输精时间，输精时间要求 3 ～ 10 分钟。

当输精瓶（袋）内精液排空后，放低输精瓶（袋）约 15 秒，观察精液是否回流到输精瓶（袋）。若有倒流，再将其输入。

在防止空气进入母猪生殖道的情况下，使输精管在生殖道内滞留 5 分钟以上，让其慢慢滑落，输精示意图，见图 1-39。

登记母猪输精记录表（表 1-4）。

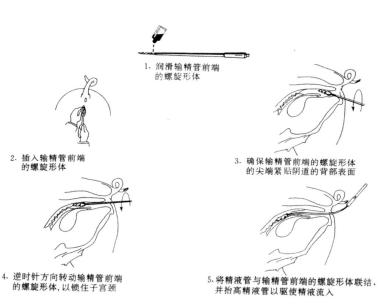

1. 润滑输精管前端的螺旋形体

2. 插入输精管前端的螺旋形体

3. 确保输精管前端的螺旋形体的尖端紧贴阴道的背部表面

4. 逆时针方向转动输精管前端的螺旋形体，以锁住子宫颈

5. 将精液管与输精管前端的螺旋形体联结，并抬高精液管以驱使精液流入

图 1-39 插入输精管方法、步骤示意图

表1-4　母猪输精记录表（资料性附表）

母猪耳号	胎次	发情日期	第1次输精				第2次输精				第3次输精				预产期	输精员
			公猪耳号	输精时间	站立反应	精液倒流	公猪耳号	输精时间	站立反应	精液倒流	公猪耳号	输精时间	站立反应	精液倒流		

（二）种公猪站的建设与管理

1. 选址

种公猪站选址相对独立，远离交通要道、养殖场、屠宰场、村镇居民区和公共场所等，地势较高、水质良好、通风干燥、交通方便，水电供应充足，防疫条件良好。

2. 布局

（1）布局原则

参照有关种猪场建设国家或行业标准的规定，结合种公猪饲养管理特点，按节约土地、满足生产的总体要求，因地制宜，科学合理布局。

种公猪站应分生产区、管理区和隔离区，各功能区有一定间距并设防疫隔离带。

各功能区入口处应设消毒室或消毒池，站内净道与污道分离。

（2）功能区要求

管理区：应包括办公区、产品展示区、生产辅助区和职工生活区等。

生产区：应具备公猪饲养、采精和精液生产、检验和贮存等功能，配备兽医室。

公猪舍：朝向和间距应满足通风、光照、防疫等要求，地面干燥，单栏面积≥6平方米，限位栏饲养面积≥1.7平方米，并配备相应的保暖、降温设施，配备运动场。

采精室：面积≥10平方米，内设采精台、人员安全隔离装置、防暑降温、保暖、防滑等设施，与精液生产室间设立精液传递窗。

精液处理室：应具备精液生产、检验和贮存等功能，面积≥20平方米，地面、墙壁、天花板、门窗应为耐腐蚀易清洁材料；配备窗帘、消毒灭菌以及空调、通风换气等设施设备，室内温度宜控制在18～25℃。另设更衣、洗涤等辅助区。

兽医室：应配备种公猪保健和疾病防治需要的设施设备及药品。

隔离区：隔离区应设置在种公猪站其他功能区的下风方向，具有种公猪隔离舍、无害化处理设施等。

辅助设施：具有产品展示室、消毒池、门卫室、更衣室、饲料贮存仓库、档案室等。

3. 仪器设备

应配备相差显微镜，精子密度仪，电子天平，精液保存箱，恒温培养箱，精液分装、封口设备，恒温水浴箱，干燥箱，精液运输箱，双蒸馏水器，恒温加热板，电冰箱，磁力搅拌器，移液器等。具体仪器设备技术要求见表1-5。

4. 种公猪要求

种公猪品种为杜洛克猪、长白猪、大约克夏猪，以及培育品种（配套系）和地方品种。

种公猪来源于取得省级《种畜禽生产经营许可证》的原种猪场，具有完整系谱和性能测定记录，评估优良、符合种用要求。

种公猪健康，无国家规定的一、二类传染病。

采精公猪30头以上。山区、交通不便地区可适当放宽。

5. 精液产品要求

精液产品应符合《种猪常温精液》国家标准（GB 23238-2009）的要求。

6. 人员要求

应配备种公猪饲养、精液采集、生产检验、动物防疫等专业技术人员，主要岗位技术人员应获得家畜繁殖员国家职业技能鉴定资格证书（中级以上）或国家生猪良种补贴项目主管部门颁发的技术培训合格证书。

7. 管理制度

明确岗位职责，建立健全饲养管理，卫生防疫，精液生产、保存、检验、销售，仪器设备使用和售后服务等制度，档案完整，管理规范。

表1-5 仪器设备技术要求

名称	使用参数	主要用途
相差显微镜 *	检测精子活力，100～600倍	
精子密度仪 *	550纳米	检测原精密度
电子天平 *	精度：±2克	秤量精液、稀释液
精液保存箱 *	16～18℃	精液保存
恒温培养箱	36～38℃	预热采精杯
恒温水浴箱 *	36～38℃	预热稀释液
干燥箱	250～300℃	玻璃器皿干燥与消毒
精液运输箱	16～18℃	常温精液运输
双蒸馏水器	5～20升/小时	双蒸水生产
恒温加热板 *	36～38℃	预热载玻片、盖玻片
电冰箱	4～8℃	保存稀释液、稀释粉
磁力搅拌器	搅拌容量：20～3000毫升	溶解稀释粉
移液器 *	容量范围：100～1000微升 最小增量：±2微升	取样

注：名称带 * 为必须配备的仪器设备

三、成效与案例

2006年以来，国家在河南省启动了以猪人工授精技术为核心的生猪良种补贴项目，7年来，项目取得了显著成效。

一是提升了生猪良种化水平。几年来,河南省良种补贴项目累计改良生猪1260万胎次，生产良种商品猪超过1亿头；项目调查表明，生猪人工授精与本交相比，平均每胎次多产仔猪0.5～1头，改良商品猪出栏日龄提前5～10天，饲料转化率提高5%～10%；通过项目的实施，河南省生猪人工授精普及率由2006年的26.8%，提高到2011年底的59%，增长了1倍多。

二是完善了生猪良种繁育体系。以人工授精技术为核心的生猪良补项目的实施，加速了种公猪站软硬件设施的改造升级和先进精液生产检测设备的广泛运用，完善了猪人工授精技术推广体系，推动了种猪场的良种登记和性能测定工作的开展，促进了猪的遗传改良。生猪良种补贴项目县县均供精单位数量由5年前的13家减少到现在的7家，站均采精公猪由22头增加到45头；参加种猪性能测定与遗传评估的种群规模达到1.2万头。与此同时，以人工授精技术为核心的生猪良补项目的实施，还减少了生猪疾病传播的概率，推进了基层畜牧技术支撑队伍建设。

三是促进了农民增收。以人工授精技术为核心的生猪良补项目，一方面通过选用优质生猪精液配种，提高了生猪的生产水平；另一方面减少了种公猪的饲养量，项目区种公猪利用率提高了10倍以上，减少了超过10万头公猪的饲养成本，农民增收效果明显。

实践证明，以人工授精技术为核心的生猪良补项目的实施，加速了生猪品种改良进程，实现了促进农民增收和畜牧业发展的两大目标，起到了"四两拨千斤"的效果。

第二章 饲养管理技术

第一节 猪舍内环境控制技术

一、技术概述

随着我国养猪业的发展，养猪生产的规模化、集约化程度也在不断提高，与之相配套的猪舍环境控制技术越发显得重要。只有在适宜的环境条件下，猪的生产潜力才能得以充分发挥，猪只的生产性能和养猪效益才能得以保障。在实际生产中，有必要在合理设计猪舍的基础上，针对不同猪只的生理特点和气候变化，采取有效的环境控制措施，对猪舍内的温度、湿度、光照和空气质量等环境因素进行科学的调控，以使猪舍内的小环境能较好地满足各类猪只对环境的需求。

二、主要内容

（一）猪舍的温度调控

猪舍温度是猪舍温热环境中起主导作用的最为重要的因素，直接影响到猪只的健康和生产性能。因此，猪舍温度的调控是猪舍环境管理与调控的重要内容之一。做好猪舍温度调控的关键，在于做好猪舍保温隔热设计的基础上，结合当地气候条件和各类猪群对温度的不同要求，在冬季气温过低或夏季气温过高时，采取相应的措施进行保暖或防暑降温，以保证猪舍内具有适宜的温度环境。

1. 猪舍的保温隔热设计

猪舍的防寒、防暑性能在很大程度上取决于外围护结构的保温隔热性能。保温隔热设计合理的猪舍，除了极端寒冷和炎热地区外，一般都可以较好地保证猪只对温度的基本要求。只有幼龄仔猪，由于其本身的热调节机能不健全，对低温环境极其敏感，因而需要通过人工采暖以保证仔猪所要求的适宜温度。因此，做好猪舍的保温隔热设计是保证猪舍具有适宜温度环境的基础。

（1）选择适当的建筑材料

无论是寒冷地区还是炎热地区，为防止猪舍出现冬天过冷、夏天过热的现象，都要求猪舍的外围护结构具备一定的保温隔热性能。猪舍的保温设计，要根据当地的气候条件和猪的气候生理要求选择适当的建筑材料和合理的猪舍外围护结构，使猪舍围护结构的保温隔热能力达到基本要求。猪舍的墙体和屋顶是猪舍失热的主要部分，在建造时要结合当地实际和习惯做法等，尽量选择导热系数小的材料。比如，用空心砖代替普通红砖，墙体的热阻值可提高41%，而用加气混凝土块，则可提高6倍。同时，适当增加墙的厚度，也可以明显提高猪舍的保温隔热性能。

（2）选择适宜的猪舍建筑形式

在选择猪舍的建筑形式时，要充分考虑当地的气候特点（如冬季的寒冷程度、夏季的炎热程度）和不同阶段猪只的生理特点（如大猪怕热、小猪怕冷）。在严寒的地区宜选择有窗式猪舍或密闭式猪舍，炎热地区则可以考虑选择开放式或半开放式猪舍。

（3）合理确定猪舍的朝向

猪舍的朝向不仅影响到猪舍的采光，还与冷风的侵袭有关。在确定猪舍的朝向时，应根据本地风向频率，结合防寒、防暑要求，确定适宜的朝向。猪舍的纵墙一般应与冬季主风向平行或形成0°～45°角的朝向，这样会减少冷风的渗透量，有利于冬季的保温；而纵墙则应与夏季主风向形成30°～45°角，这样会有效减少涡风区，使猪舍内通风均匀，有利于夏季的防暑，且有利于舍内污浊空气的排出，保持猪舍内空气清新。

（4）科学进行门窗设计

在寒冷地区，猪舍门窗的设置应在满足通风和采光要求的条件下尽量少设。猪舍的北侧和西侧冬季迎风，应尽量不设门，必须设门时也应加设门斗，北侧窗的面积也应适当减小（一般可按南窗面积的1/4～1/2设置）。必要时，猪舍的窗也可采用双层窗或单框双层玻璃，以提高窗户的保温效果。

（5）适当减少外围护结构的面积

适当减少猪舍外墙和屋顶面积可有效提高猪舍的防寒效果。在寒冷地区，屋顶吊装天棚有利于猪舍的防寒保温；在屋顶铺设一定的保温层（如锯末、炉灰、玻璃棉、岩棉等），也可以有效提高屋顶的保温隔热性能。以防寒为主的地区，猪舍的高度不宜过大，但吊顶以下的高度一般不宜低于2.4米。根据猪舍跨度、种类、吊顶的有无以及当地冬季的寒冷程度等，猪舍高度一般为2.7～3.0米。猪舍的跨度与外墙面积有关，相同面积和高度的猪舍，跨度越大其外墙的总长度越小。但加大跨度会影响猪舍的通风和光照效果，尤其是采用自然通风和自然光照的猪舍，其跨度一般不宜超过8米，否则夏季通风的效果差，冬季北侧光照少，猪舍阴冷。

（6）做好猪舍地面的保温

为了提高地面的保温性能，可根据当地实际在地面上铺设一些保温性能好的材料，如在猪床上铺设木板或塑料板，可有效减少地面的散热量，提高地面的保温性能。在猪舍内铺加垫草，不仅可以提高猪只躺卧的舒适度，而且对于改善地面的保温性能也有一定的作用。

2. 猪舍的供暖

我国大多数地区的冬季平均气温都达不到仔猪所要求的适宜温度，对于哺乳仔猪和断奶（保育）仔猪，在冬季都要考虑采暖。对于生长育肥猪和其他成年猪，南方可以在开放舍和半开放舍安装保温卷帘，北方严寒地区则要求考虑采暖。猪场常用的采暖方式有局部供暖和集中供暖两种方式，生产中可根据实际情况进行选用。

（1）局部供暖

猪舍的局部供暖就是利用供暖设备对猪舍的局部区域进行加热而使该区域达到较高的温度，主要用于分娩舍的哺乳仔猪。

①红外线保温灯。如图 2-1 所示，将红外线保温灯吊挂在分娩栏内的仔猪活动区或保温箱上方，利用灯泡散发的红外线来形成局部采暖。仔猪红外线保温灯的功率一般为 100 瓦、150 瓦和 250 瓦，实际中可根据季节和环境温度的不同选用不同功率的灯泡，并通过调节灯泡的高度（最低高度以仔猪不能碰到灯泡为宜）来控制温度。这种供暖方式所需要的设备简单，安装方便，生产中应用得较为普遍。但耗电量大，而且灯泡使用寿命短。

②仔猪保温箱。仔猪保温箱（图 2-2）一般采用硬塑、玻璃钢、木材等材料制成，也有的采用砖块砌筑，外表用水泥沙浆抹面而成。仔猪保温箱的外形尺寸一般为长 0.9 米、宽 0.5 米，箱顶可悬挂红外线保温灯，也可以在箱底加装电热保温板，为仔猪提供局部供暖。

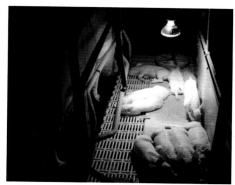

图 2-1　哺乳仔猪的红外线保温灯

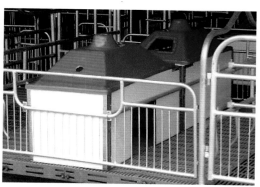

图 2-2　仔猪保温箱

③电热保温板。电热保温板（图 2-3）一般采用玻璃钢或橡胶制作成板面，并将电热元件——电热丝埋设其内，利用电热丝加热橡胶板或玻璃钢，使其保持一定的温度。外形尺寸多为长 1 米、宽 0.45 米、厚 3 厘米，功率一般为 100 瓦左右，板面温度为 26～32℃，分为可调温型和非调温型两种。仔猪电热保温板的表面一般设有条纹，可以防止仔猪在上面行走时滑跌。另外，它还具有良好的绝缘性和耐腐蚀性，能保证在湿水的情况下不影响安全，且不积水、容易清洗。电热保温板可直接放在栏内地面的适当位置，也可放在特制保温箱的底板上。

图 2-3　仔猪电热保温板

④远红外线加热板。这种供暖方式通常用于仔猪的保温，由远红外线加热板、铝板反射罩、温控仪和保温箱体组成。保温箱底远红外线板产生的热量，由铝板反射罩发射到仔猪身上，保温箱内的温度可以通过温控仪进行设定，保温箱体具有良好的保温效果，可以很好地控制和保持箱体内的适宜温度。

（2）集中供暖

猪舍的集中供暖即是由一个集中的供暖设备对整个猪舍进行全面供暖，从而使猪舍内的温度达到适宜的程度。这种供暖方式一般是利用热水、蒸汽、热空气及电能等形式对猪舍进行供暖。猪场常用的集中供暖系统主要有热水散热器（暖气）供暖系统、热水管地面供暖系统、热风供暖系统、地下烟道供暖系统及太阳能供暖系统等。

①热水散热器供暖系统。这种系统主要由热水锅炉、管道和散热器（暖气片）3部分组成。在猪舍供暖时，利用锅炉将热水通过管道输送到猪舍内的散热器，使舍内温度升高。这种供暖方式可保证猪舍内有较恒定的温度，但造价较高，舍内湿度较大，特别是在外围护结构保温性能较差时更为严重。

猪舍内的散热器应按照尽量使舍内温度分布均匀，尽量缩短管路长度的原则进行布置；应当尽可能多分组，且每组的片数不宜过多。分娩舍的散热器宜布置在饲喂通道上，保育舍和生长育肥舍则可布置在窗户下，这样可以直接加热由窗缝渗入的冷空气，避免"贼风"侵入猪舍。

②热水管地面供暖系统。热水管地面供暖系统是将热水管埋设在猪舍地面的混凝土层内或其下面的土层中，并在热水管的下面铺设防潮隔热层以阻止热量向下传递。热水通过热水管将猪舍的地面加热，从而使猪只的生活区域保持适宜的温度。

分娩舍的热水管大部分埋在仔猪活动区（图2-4），这样可以满足仔猪和母猪对温度的不同要求；保育舍和生长育肥舍的热水管应埋设在猪的活动休息区（图2-5），且应均匀布置（建议间距为3厘米）以保证温度一致。

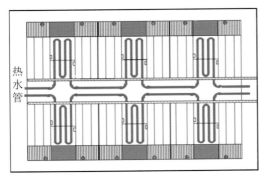 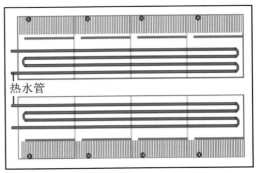

图 2-4　分娩舍地面热水管布置示意图　　图 2-5　保育舍地面热水管布置示意图

热水管地面供暖所需的热水可由统一的热水锅炉供应，也可在每个需要供暖的猪舍内安装一台电热水加热器提供热水。热水的水温由恒温控制器进行控制，一般调节范围在45～80℃。热水管一般用聚丁烯或高强度聚乙烯塑料管，也可使用较软的铜管。热水管的直径为12～32毫米，适当选用直径较粗的管道，可减少水流阻力，提高供暖效果。

③热风供暖系统。热风供暖系统是利用热源将空气加热到所要求的温度，然后再将热空气通过管道送入猪舍进行加热。按照热源和换热设备的不同，又可将热风供暖系统分为热风炉式、空气加热器式和暖风机式 3 种类型。

这种供暖系统的优点是：热风供暖的设备投资低，且容易实现自动化控制；可与机械通风相结合，在为猪舍提供热量的同时也供应了新鲜空气，同时还可降低能源消耗；热风进入猪舍可以有效降低猪舍空气的相对湿度，为猪只提供一个良好的生活和生产环境。但由于空气的贮热能力低，远距离输送会使温度很快下降而损失热量，因而这种供暖系统不适宜于远距离输送。

④地下烟道供暖系统。在燃料比较丰富的地区，可以考虑在猪舍的地下设置供暖烟道，通过燃料的燃烧来提高舍温。使用的燃料可以是成本较低的木柴，也可以是方便快捷的煤球。供暖烟道一般呈 U 形回转布置，U 形烟道的宽度以 40 厘米左右为宜，道间距离为 0.5～1.0 米，这种供暖方式具有加温均匀，成本低廉的优点，但在燃料紧缺的地区难以采用。

⑤太阳能供暖系统。太阳能供暖系统由太阳能接收室和风机组成。冷空气经过气口进入太阳能接收室后，被太阳能加热，由石床将热能储存起来，夜间用风机将经过加热后的空气送入猪舍，使猪舍被加热。这是一种经济有效、无污染的供暖方式。其最大缺点是受气候条件的影响较大，难以实现完全的人工控制环境。因此，在采用太阳能采暖设备时，还应配以其他辅助的采暖设备，以保证太阳能不能满足要求时仍可保持猪舍内的适宜温度。

3. 猪舍的防暑降温

在炎热地区或炎热的季节有必要采取一定的措施来降低猪舍温度，以消除或缓解高温对猪群健康和生产力的有害影响。猪舍降温的方法很多，其中机械制冷方法由于设备和运行费用都很高，一般不主张采用。

（1）绿化遮阳

绿化能有效阻挡太阳辐射能，在夏季太阳辐射强烈、湿度不太大的地区，遮阳是简单而有效的猪舍降温方法。绿化遮阳可以种植树干高、树冠大的乔木，为窗口和屋顶遮阳；也可搭架种植爬蔓植物，在南墙口和屋顶上方形成绿化遮棚。在猪舍屋顶上架设聚酯、铝箔等材料制成的遮阳网，对减少太阳辐射进入猪舍进而降低猪舍内的环境温度和减少猪的热应激也有明显的效果。

（2）通风

通风也是一种有效的猪舍降温方法。夏季自然通风的气流速度较低，往往需要采用机械通风来形成较强的气流对猪舍进行降温。

（3）冷水降温

冷水降温是利用远低于舍内气温的冷水，使之与空气充分接触而进行热交换，从而降低猪舍内空气温度的降温方法。如果用温度低于露点的冷水，还具有除湿冷却的效果。

（4）蒸发降温

水在蒸发时要从周围空气中吸收大量的蒸发潜热，从而使猪舍内的温度降低。但在高湿气候条件下，蒸发降温的效果并不理想。

①喷淋降温。喷淋降温是用机械设备直接向猪体喷水，借助汽化吸热而达到猪体散热和猪舍降温的目的。对猪体喷淋时，水易于冲透被毛而润湿皮肤，因而有利于猪体的蒸发散热。喷淋要间断进行，每次迅速喷湿猪体后即停喷，让皮肤水分蒸发后再喷，这样反复进行的蒸发散热效果才好。这种方法主要适用于种猪和生长育肥猪群，由于在喷湿猪体的同时也容易把猪栏地面喷湿，导致猪舍内的湿度增大，对哺乳仔猪生长不利，所以不适用于分娩哺乳猪舍。

②喷雾降温。喷雾降温是利用高压喷头（图2-6）或喷雾机（图2-7）等机械设备将水喷成直径为80～100微米的雾粒，这些雾粒使猪被毛湿润或漂浮于猪舍空气中，在短时间内汽化吸收猪舍内的显热量，从而起到降温的作用。但这种降温方式容易使猪舍内的湿度增大（尤其是密闭式猪舍），因而一般须间歇性工作，同时要加强猪舍的通风换气，防止猪舍内的湿度过大。

图2-6　猪舍人工喷雾降温　　　　图2-7　手推式离心喷雾机

③滴水降温。滴水降温是采用一定的机械设备（如滴水降温喷头）将冷水滴在猪的头颈部或背部，靠打湿这部分体表来实现蒸发散热，从而缓解热应激对猪体的影响。据国外研究经验，当气温高于29.5℃时开始操作，每个滴头的滴水速度为每小时2～3升，可获得理想的降温效果。如果辅以正压风管将高速风直接送到猪的颈部或背部，则降温效果会更好。这种方法的优点是节约用水，不会弄湿猪栏地面，对猪舍内的湿度影响不大。但必须是饲养在限位栏内的哺乳母猪或在单体栏内的妊娠母猪才有条件采用此法。上述两种猪被限制在一定位置上，可准确地把水滴到猪体上，因此，分娩哺乳母猪舍和单体栏养的妊娠舍可采用此法。小群圈养的猪因不可能准确把水滴在每头猪体上，所以不用此法。

④湿帘通风降温　如图2-8所示，湿帘通风降温系统的主要部件是湿帘和风机。采用湿帘通风降温，是将湿帘设置于机械通风的进风口，当系统开启时，由水管不断往湿帘上淋水，气流通过湿帘时，通过水分的蒸发吸热，从而降低进入猪舍内的气流温度，达到降低猪舍内温度的效果。湿帘通风降温系统的降温效果显著，运行可靠，是目前最为成熟的蒸发降温系统之一。合理设计与运行的湿帘，其蒸发降温效率一般可达75%～90%，通风阻力损失10～40帕。这种降温方法要求猪舍实行机械通风，外围护结构严密，且屋面和墙体的保温隔热性能较好。在干热地区效果明显，而在高湿度地区的效果较差，可适用于各类猪舍，但成本比上述3种方法高。

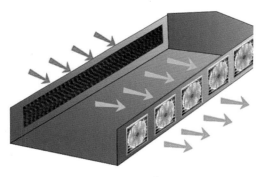

图 2-8　猪舍的湿帘通风降温系统

4.猪群防寒防暑的管理措施

在养猪生产中，除了做好猪舍的设计和供暖、降温外，根据气温的季节性变化，对猪群采用科学的饲养管理等措施，对降低高温或低温天气给猪群带来的不利影响，提高猪群健康和生产性能也具有不可忽视的作用。在生产中，可以结合猪场自身的实际情况灵活采取相应的措施，以保证猪舍内温度的相对稳定。

（1）冬季猪群的防寒管理

①适当提高饲养密度。在寒冷的冬季，在不影响饲养管理和舍内卫生状况的前提下，可将分散饲养的猪合群饲养以适当提高饲养密度，冬季一般可比夏季饲养密度提高 40% 左右。提高饲养密度会使猪群的产热量增加，从而提高猪舍内的温度；同时猪还可以彼此紧挨着睡，既可相互取暖，也可提高整个猪舍的温度，从而缓解寒冷天气对猪只的不利影响。

②合理进行猪群的饲养管理。在猪的日粮中，适当增加玉米、高粱等能量饲料或使用全价配合饲料，保证饲料的充足供给并适当增加饲喂次数，给猪饮用温水，用干料喂猪等，均可在一定程度上增强猪只的抗寒和抗病能力，提高增重速度。有条件的猪场，可选择晴暖天气的中午或下午气温较高时，将猪赶到猪舍外晒晒太阳，适当加强户外运动，提高猪只对寒冷天气的抵抗力。

③猪舍内铺加垫草。在猪舍内铺加垫草是我国传统养猪生产中经常采用的一种防寒保温措施。垫草可以保温吸湿，吸收有害气体，改善猪舍内的小气候环境，是寒冷地区或寒冷季节常用的一种简便易行的防寒保暖措施。在猪舍内铺加垫草不仅可以改善冷硬地面的温热特性，还可以保持猪体清洁、健康。但要注意勤换垫草，避免潮湿、霉烂而产生氨气等有害气体，危害猪的健康。

④做好猪舍的防潮。猪舍内空气湿度过高，会加剧高温或低温对猪体的不利影响。潮湿的舍内环境还有利于病菌的生长繁殖，极易引发皮肤病、呼吸道疾病、寄生虫病及其他传染性疾病。因此，猪舍干燥是保证猪群健康的主要措施之一。防止猪舍潮湿，应做到"六要"：一要防漏雨、漏雪；二要勤垫勤换垫草；三要训练猪定点排粪排尿；四要使猪舍地面高出舍外地表，以防返潮；五要定时清除猪粪、猪尿，消除猪舍潮湿的根源；六要用吸附剂吸潮，当猪舍湿度大时，可用草木灰、煤灰渣、生石灰、木炭等吸附剂吸附水分。

⑤控制猪舍内的气流，防止贼风。冬季寒风侵入猪舍袭击猪体会引起猪只感冒和肺炎等疾病的发生。在猪舍的设计及施工中，应保证猪舍结构的严密，防止因设计和建造不当

而造成冷风渗透。入冬前设置挡风障,防止冷风侵入;夜间在猪舍前吊上帘子,以保暖御寒;控制猪舍的通风换气量,防止气流过大而使猪舍内的温度过快下降。在自然通风的猪舍内,冬季应注意北墙、门、窗的严密性,防止形成贼风。

（2）夏季猪群的防暑管理

①适当降低饲养密度。在炎热的夏季,可以适当降低猪群的饲养密度,以缓解猪群的热应激,一般来说饲养密度以降低 1/4 ~ 1/3 为宜。

②合理调整日粮配方、饲喂时间和饲喂方式。根据生产实际,将饲料的蛋白质和氨基酸水平提高 1% ~ 2%,适当提高日粮的能量水平（添加油脂 0.5% ~ 3%）;适当提高日粮中维生素的添加水平（补充维生素 C 150 ~ 200 克 / 吨,维生素 E 80 ~ 100 克 / 吨）。除仔猪料外,其他猪只的全价饲料中可添加 0.2% ~ 0.3% 的小苏打,以缓和热应激导致的酸过量,保持猪体内的酸碱平衡。选择品质好的饲料原料,降低粗饲料的比例（如不喂或少喂草粉,减少糠麸喂量等）,饲料加工后的贮存时间不宜太久。对于种猪,夏季可喂给适量的青绿饲料,对提高猪群的食欲和抗应激能力具有积极的效果。高温季节猪的喂料时间以清晨和傍晚气温较低时为宜,尽量避开正午时间饲喂;饲喂方式以拌湿料喂猪较为适宜。

③保证干净充足的饮水。盛夏炎热季节,一定要保证猪只有干净、充足的饮水,且水温尽量保持凉快。防止水管、水箱在太阳下长期暴晒,导致饮水过热。

④加强猪舍通风,保持猪舍清洁卫生。在高温环境下,猪体流向皮肤的血液量会增加,导致体表温度较高,因此,加强猪舍的通风能增加热量从体表的散发,有助于猪体散热。同时要注意保持猪舍的清洁卫生,及时清扫舍内的粪便、污物,适当增加猪舍清洗消毒的次数,并做好消灭蚊蝇和鼠害等工作。

⑤减少人为应激。在炎热季节,猪群的疫苗注射和转群等最好安排在清晨或傍晚气温较低的时候进行。在猪群的饲养管理中,要避免突然改变饲料、频繁更换饲养人员和环境突变等对猪只的不利影响。

（二）猪舍的通风换气

猪舍进行通风换气,其目的是在气温较高的情况下缓和高温对猪产生的不利影响,排出舍内的污浊空气、尘埃、微生物和有毒有害气体,降低猪舍内的空气湿度,以改善舍内空气环境质量。

1.猪舍通风换气量的确定

确定合理的通风换气量是组织猪舍通风换气最基本的依据。通风换气量的确定,主要可以根据猪舍内产生的二氧化碳、水汽和热能进行计算。但实际中为了方便猪舍通风换气系统的设计,通常可根据不同类型猪舍通风换气的参数（表 2-1）来进行确定。

表 2-1　不同猪舍的通风换气参数

猪舍类别	通风量 [立方米 /(小时·千克)]			风速（米 / 秒）	
	冬季	春秋季	夏季	冬季	夏季
种公猪舍	0.35	0.55	0.70	0.30	< 1.00
空怀及妊娠母猪舍	0.30	0.45	0.60	0.30	< 1.00
分娩（哺乳）猪舍	0.30	0.45	0.60	0.15	< 0.40
保育仔猪舍	0.30	0.45	0.60	0.20	< 0.60
生长育肥猪舍	0.35	0.50	0.65	0.30	< 1.00

注：引自《规模猪场环境参数及环境管理》国家标准（GB/T 17824.3—2008）。表中的通风量是指每千克活猪每小时需要的空气量；风速是指猪只所在位置的夏季适宜值和冬季最大值

2. 猪舍的自然通风

自然通风是靠风力和温差（热压）来形成气流，通过打开或关闭猪舍的进气口和出气口来调节通风量。舍外的新鲜空气靠风力从猪舍迎风墙的进气口进入舍内，并从下风墙的出气口或屋顶通风帽排出舍外，从而实现猪舍的通风换气。自然通风系统不需要任何机械设备，是一种最为经济的通风方式。

在温暖地区，对于开放式、半开放式或有窗式猪舍，夏季可依靠猪舍的开敞部分进行自然通风；而在冬季，为了猪舍的保温，开敞的部分通常用卷帘（塑料或钢）遮盖住，有窗舍则关闭大部分窗户，因此需要靠人工操作开关卷帘或窗户来进行通风换气。这种通风方式在温暖地区基本可以保证猪舍有效的通风换气量。

在炎热地区，由于夏季猪舍内、外温差小，靠热压自然通风的效率差，如遇无风天气，自然通风的效果就更差，因而需要考虑机械通风。在寒冷地区，由于冬季猪舍外的气温很低，换气时会导致舍温迅速下降，舍、内外温差越大，越难保证有效的自然通风换气。

由于自然通风一般是风压和热压同时作用的结果，因此，为了保证猪舍的自然通风效果，猪舍的建筑跨度不宜过大（以 9 米以下较为适宜）；门、窗及进、排风口的密闭性要好。另外，合理的建筑朝向、进气口方位、舍内设施设备布置等对自然通风的效果也有影响，设计时应加以充分考虑。

3. 猪舍的机械通风

由于自然通风受许多条件制约，不可能保证在任何自然气候条件下都能达到满意的通风效果，因此在自然通风不能满足要求时，尤其是在炎热的夏天、大跨度猪舍和无窗式密闭猪舍，必须采用机械通风。机械通风是利用风机强制进行猪舍内、外的通风换气，设计合理的机械通风效果可靠，但要消耗电能，运转维修费用也比自然通风高。

风机是机械通风系统中最主要的设备，猪舍通风中常用的风机为轴流式风机（图 2-9）。

这种风机的特点是叶片旋转方向可以逆转，因此，既可以用于送风，也可用于排风；通风时所形成的压力小，噪音低，但送风量大，节能效果显著。

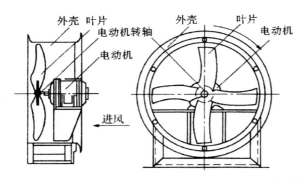

图 2-9　轴流式风机

机械通风的方式很多，如按猪舍内气压变化的不同，可分为正压通风、负压通风和联合式通风；按猪舍内气流的流动方向来分类，可分为横向通风、纵向通风、斜向通风和垂直通风。在实际生产中，通风方式的选择应根据饲养工艺、当地的气候条件及经济条件等因素综合考虑决定，切不可机械地生搬硬套，否则会影响猪群的健康和生产性能，降低猪场的经济效益。

（1）正压通风

正压通风是指通过风机将舍外空气强制送入猪舍内，在舍内形成正压，迫使舍内污浊空气通过排气口排出，实现舍内、外的空气交换，因而又称为进气式通风或送风。根据风机的位置，又可将正压通风分为侧壁送风、两侧壁送风和屋顶送风 3 种形式（图 2-10）。正压通风的优点是可以对送入舍内的空气进行加热、冷却和过滤处理，从而有效地保证猪舍内适宜的温湿状况和清洁的空气环境，在严寒或炎热地区较为适用。其缺点是由于舍内形成正压，迫使舍内潮湿空气进入墙体和天花板，易在屋角形成通风死角，而且这种通风方式比较复杂、造价高、管理费用也较大。

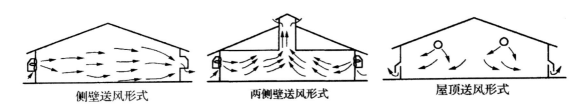

图 2-10　正压通风的三种形式

（2）负压通风

负压通风又称为排气式通风或排风，即通过风机将猪舍内的污浊空气抽出舍外，在舍内形成负压，于是舍外空气就从进气口流入舍内，实现通风换气。根据风机的安装位置，负压通风又可分为两侧排风（图 2-11）、屋顶排风（图 2-12）、横向负压通风（图 2-13）和纵向负压通风（图 2-14）几种形式。一般跨度在 12 米以内的猪舍可以采用横向负压通风，如果猪舍跨度太大（采用横向负压通风容易导致猪舍内不同位置的温度差异过大）宜采用屋顶排风式负压通风，采用高床饲养工艺的猪舍宜采用两侧排风式负压通风，纵向负压通风则适用于各种类型的猪舍。负压通风的优点是换气效果好（可达 90% ～ 97%），施工方便、成本低，风机便于维护，如果进风口的位置和形状确定适当，可使进入舍内的新鲜空气在舍内分布均匀。故猪舍一般多采用这种通风方式。

图 2-11　两侧排风示意图　　图 2-12　屋顶排风示意图　　图 2-13　横向负压通风示意图

（3）联合式通风

联合式通风也称混合式通风，是一种同时采用机械送风和机械排风进行猪舍通风换气的方式。由于这种通风方式可以保持猪舍内、外的压差接近于零，因而又称为等压通风。风机的安装位置可分进气口设在下部和进气口设在上部两种形式。一般在

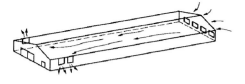

图 2-14　纵向负压通风示意图

大型猪场，尤其是密闭式猪舍，单靠机械排风或机械送风往往达不到应有的换气效果，故需采用联合式机械通风。这种通风方式由于所需安装的风机台数增多，设备投资加大，因而在实际生产中的应用不广。

（三）猪舍的采光与照明

光照是影响猪群健康和生产性能的重要环境因素之一。猪舍的光照根据光源的不同，可分为自然光照和人工照明两种。自然光照不需要电，但光照强度和光照时间有明显的季节性，一天当中的光照也在不断变化，难以控制，舍内的照度也不均匀，尤其是跨度较大的猪舍，中央地带的照度更差。为了补充自然光照时数和强度的不足，在猪舍内合理确定和布置灯具种类、规格、数量和布局，以使舍内获得适宜的照度，即为猪舍的人工照明。

1. 猪舍自然采光的控制

猪舍内的自然光照取决于通过猪舍窗户透入的太阳直射光和散射光的量，而进入舍内的光量与猪舍朝向、舍内情况、窗户的面积、入射角与透光角、玻璃的透光性能、舍内反光面、舍内设置与布局等诸多因素有关。采光设计的任务就是通过合理设计采光窗的位置、形状、数量和面积，保证猪舍的自然光照要求，并尽量使光照度分布均匀。

（1）自然采光窗口位置的确定

对冬季直射阳光无照射位置要求时，可按入射角和透光角来计算窗口上、下缘的高度，并确定窗口的位置。如图 2-15 所示，窗口入射角是指猪舍地面中央一点（A）至窗口上缘所引直线（AB）与地面水平线（AD）之间的夹角 α。入射角越大，射入舍内的光量越多。为保证舍内得到适宜的光照，猪舍的入射角要求不小于 25°。透光角是指猪舍地面

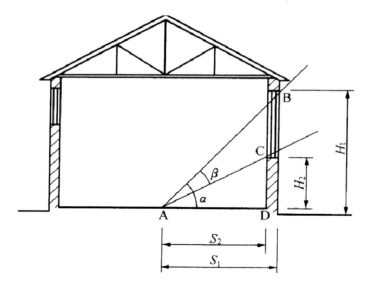

图 2-15　窗口的入射角与透光角
（引自李如治主编，《家畜环境卫生学》，2004）

中央一点（A）到窗口上缘和窗口下缘引出的两条直线（AB、AC）之间的夹角 β。如果窗外有树或有其他建筑物遮挡，引向窗户下缘的直线应改为引向遮挡物的最高点。透光角越大，采光越多。猪舍的透光角要求不小于 5°。

（2）窗口面积的计算

猪舍窗口的面积可根据不同猪舍的采光系数或窗地比进行计算。猪舍采光窗口的面积可按下式进行计算：

$$A = KF_d / \tau$$

式中，A 为采光窗口（不包括窗框和窗扇）的总面积（平方米）；K 为采光系数〔（种猪舍的采光系数一般为（1:10）～（1:12），生长育肥猪舍的采光系数为（1:12）～（1:15）〕，以小数表示；F_d 为猪舍内的地面面积（平方米）；为窗扇遮挡系数（单层金属窗为 0.80，双层金属窗为 0.65；单层木窗为 0.70，双层木窗为 0.50）。

（3）窗的数量、形状和布置

窗的数量应首先根据当地气候确定南、北窗的面积比例，然后考虑光照均匀和猪舍结构对窗间距的要求。炎热地区南北窗面积之比可为（1～2):1，夏热冬冷和寒冷地区可为（2～4):1。为使猪舍的采光均匀，在窗面积一定时，增加窗的数量可以减少窗间距，从而提高猪舍内光照的均匀度。但窗间距不能过小，必须满足结构要求（如梁下的墙体不能开洞，梁下窗间墙的宽度不得小于结构要求的最小值）。

窗的形状也关系到猪舍采光与通风的均匀程度。在窗面积一定时，采用宽度大而高度小的"卧式窗"，可使舍内长度方向的光照和通风较均匀，而跨度方向则较差；高度大而宽度小的"立式窗"，光照和通风的均匀程度正好与"卧式窗"相反；方形窗的光照和通风介于"立式窗"和"卧式窗"之间。实际设计时，应根据猪舍对采光、通风的要求以及猪舍跨度和门窗标准等酌情确定。

2. 猪舍的人工照明

表2-2是我国《规模猪场环境参数及环境管理》国家标准（GB/T 17824.3—2008）规定的不同猪舍的采光参数，供实际设计猪舍时参考。在生产中，开放式、半开放式及有窗式猪舍的光照主要为自然光照，而对于无窗式密闭猪舍则完全依靠人工照明。无论是何种类型的猪舍，当自然光照不足时，都需要采用人工照明来进行补充。

表2-2　不同猪舍的采光参数

猪舍类别	自然光照		人工照明	
	窗地比	辅助照明（勒克斯）	光照度（勒克斯）	光照时间（小时）
种公猪舍	(1:12) ～ (1:10)	50 ～ 75	50 ～ 100	10 ～ 12
空怀及妊娠母猪舍	(1:159) ～ (1:12)	50 ～ 75	50 ～ 100	10 ～ 12
分娩（哺乳）猪舍	(1:12) ～ (1:10)	50 ～ 75	50 ～ 100	10 ～ 12
保育仔猪舍	1:10	50 ～ 75	50 ～ 100	10 ～ 12
生长育肥猪舍	(1:15) ～ (1:12)	50 ～ 75	30 ～ 50	8 ～ 12

猪舍的人工照明宜采用节能灯。猪舍人工照明灯具的设置应保证猪舍光照均匀，并按照灯距3米，灯高2.1～2.4米，每灯光照面积9～12平方米的原则进行布置。

三、成效与案例

在生产实际中，只要猪舍建造合理，配备相应的猪舍环境控制设施，并根据不同猪只的生理要求采取合理措施进行猪舍温度、湿度、空气质量及光照等环境因素的控制，即能为猪群提供一个适宜的猪舍内小环境，保证猪群健康并获得理想的生产性能，提高养猪生产的效率。

云南省白云种猪育种有限公司投资2300余万元新建的种猪场，现有各种猪舍9000平方米，其中配种舍1100平方米，妊娠舍1350平方米，分娩舍1100平方米，保育舍1300平方米，后备种猪舍1350平方米，生长舍1350平方米，育肥舍1350平方米；现存栏生产母猪600余头。该猪场全套饲养及猪舍环境控制设备均为德国大荷兰人公司（Big Dutchman）设备，如节能式水网调温系统、自动化通风系统、自动喷雾消毒系统等，猪舍环境调控设备先进，猪舍内小环境质量好。

第二节 能繁母猪高产综合配套技术

一、技术概述

要使母猪高产，必须提高母猪年生产力。母猪年生产力是指每头母猪年提供的断奶仔猪数（图2-16）。每头母猪年提供的断奶仔猪数越多，成本就越低，经济效益就越高。要提高母猪年生产力，应尽量减少母猪非生产天数，增加年产胎数和使用年限，提高窝产活仔数，降低断奶前仔猪死亡率、育成期死亡率和育肥期死亡率。

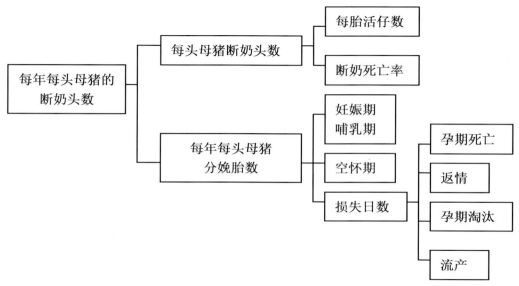

图 2-16 母猪年生产力解析图

二、主要内容

（一）缩短母猪繁殖周期，减少能繁母猪非生产天数

1. 认真观察发情征兆，保证按时配种妊娠

母猪在情期内是否能正常配上种，直接影响着母猪的非生产天数。母猪发情周期通常为21天。发情周期可分为发情前期、发情期、发情后期和休情期4个阶段（图2-17）。

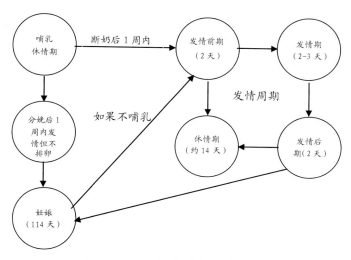

图 2-17 母猪繁殖周期和发情周期

表 2-3 母猪发情周期各个阶段的特征

阶段	时间段	行为表现	母猪体内变化
发情前期	从母猪出现神经征兆或外阴部开始肿胀到接受公猪爬跨为止	食欲减退，开始烦躁不安，竖起耳朵，主动接近公猪，爬跨其他母猪	输卵管内壁细胞生长，纤毛数量增加，子宫角蠕动加强，子宫黏膜内血管分布增加，阴道上皮细胞增生加厚。阴道黏膜由浅变深红
发情期	从接受公猪爬跨开始到拒绝公猪爬跨为止持续 40～70 个小时	几乎不采食，烦躁不安，鸣叫（柔和、长而低的咕哝声），爬跨，跳栏，频频排尿，压背反应	外阴部开始肿胀，阴户掀动，外阴部充血，黏液外溢，卵泡成熟并排卵、生殖道分泌物增加，子宫颈开放，外阴部肿胀到高峰，阴道黏膜颜色成深红色，排卵发生在该周期的后 1/3 时间。排卵过程大约持续 6 小时
发情后期（恢复期）	从拒绝公猪爬跨到发情征兆完全消失为止	食欲增加，开始变得安静	卵巢排卵后卵泡腔开始充血并形成黄体
休情期（间情期）	从这次发情征兆消失到下一次发情征兆出现为止	采食量恢复到发情前的采食量，安静	妊娠则黄体发挥功能产生的大量孕酮及一些雌激素作用于乳腺发育和子宫生长如果卵子没有受精，黄体素的前列腺素致使黄体退化，黄体逐渐萎缩，新卵泡开始发育

生产实践中，通常通过观察和压背反应检查母猪发情，见图 2-18、图 2-19。从发情表现来看，母猪精神状态从不安到发呆，阴户由红肿到淡红有皱褶，黏液由水样变黏稠时表示已达到适时配种。

2. 母猪适时配种技术

适时配种是提高受胎率和产仔数的关键，一般母猪的初情期为 3～6 月龄，哺乳期发情时间为 27 ～ 32 天，发情周期为 21（16 ～ 24）天，发情持续时间为 5（2 ～ 7）天，发情至排卵时间为 24 ～ 36 小时，卵子保持受精能力时间为 8 ～ 10 小时，精子到达输卵管时间为 2（1 ～ 3）小时，精子在输卵管中存活时间为 10 ～ 20 小时。

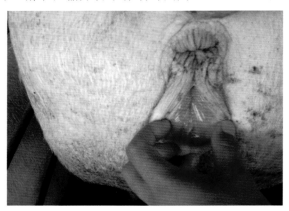

图 2-18   发情症状观察

（1）发情周期与发情持续期

通过对江苏省 48 个种猪场的调查统计分析，二元母猪的发情周期平均为 20.4 天（18 ～ 23 天），较本地母猪短 12 ～ 36 小时。发情持续期因品种、年龄、胎次不同也有所区别，初产母猪发情持续期为 3 ～ 4 天，经产母猪为 2 ～ 3 天，外二元母猪一般较内二元母猪短 6 ～ 12 小时。

图 2-19   母猪压背反应

（2）发情症状与鉴定

开始母猪兴奋不安，有时鸣叫，阴部充血肿胀，食欲稍减退。接着阴户肿胀明显，跳栏，喜爬跨其他猪只，也愿意接受别的猪爬跨。此后，母猪的阴户更加充血肿胀，阴道湿润，见其他母猪则频频爬跨，此时若用公猪试情，则可见公猪爬上其背时，安定不动。如有人在旁，其臀部往往趋近人的身边，推之不去，这是发情盛期。过后，阴户充血肿胀逐渐消退，变淡红、微皱，间或有变成紫红的，较干，常粘有垫草，表情迟滞，喜欢静伏，这便是配种适期。外来猪种及其杂种猪发情症状不如我国地方猪种明显。二元母猪发情时大多不鸣叫、减食少，发情症状不明显，且不同品种、年龄、体况、饲养管理及气候环境条件的母猪，其发情症状也有差异。所以，在实际生产中对二元母猪进行发情鉴定时，除通过发情起始时间进行推算外，更应仔细观察二元母猪发情症状及其变化，通常可归纳为"五看"。一看阴部，由充血红肿到紫红暗淡，肿胀开始消退并出现皱纹；二看黏液，由稀薄到浓稠并带丝状；三看表现，有爬跨行为，用力按腰部时，母猪静立不动，出现"静立反射"；四看年龄，"老配早、少配晚、不老不少配中间"；五看品种，外二元母猪一般较内二元母猪提早 6 ～ 12 小时配种。

（3）输精时间

母猪一般在发情后 16 ～ 48 小时开始排卵，排卵持续时间为 10 ～ 15 小时。输入母猪生殖道的精子要经过 2 ～ 3 小时的游动，才能到达输卵管。输精过早，当卵子排出时精子已失去结合能力；输精过晚，当精子进入母猪输卵管时卵子已失去受精能力，两者对受胎率均有严重影响，即使受精也因结合子（受精卵）活力不强而中途死亡。故适时配种是提高二元母猪人工授精受胎率和产仔数的关键。配种时间根据"老配早、少配晚、不老不少配中间"的原则，一般在发情后 24 ～ 72 小时。据江苏省大丰市小海种猪场试验，长 × 大二元母猪配种时间以母猪发情后 36 ～ 60 小时为宜。

（4）重复输精

由于二元母猪发情症状不明显，发情开始时间和准确的排卵时间较难掌握，生产中大多采用重复输精，使母猪在排卵阶段总有受精力旺盛的精子在受精部位等待卵子的到来，增加精子和卵子相遇的机会，以提高情期受胎率和产仔数。一般在发情后 20 ～ 30 小时进行第一次输精，间隔 8 ～ 12 小时后再进行第二次输精，个别发情持续期较长的二元母猪可在第一次复配后，间隔 6 ～ 10 小时再复配一次，即一个情期输精 3 次。据江苏省对部分生猪养殖场调查统计，重复输精母猪情期受胎率和产仔数可比一次输精分别提高21.72% 和 43.74%（表 2-4、表 2-5）。

表 2-4　不同配种次数对二元母猪繁殖率的影响

猪场	一次输精				重复输精			
	配种头次	情期受胎数	情期受胎率	窝平均产仔数	配种头次	情期受胎数	情期受胎率	窝平均产仔数
宜兴市新建镇佰兴猪场	80	57	71.25	8.23±2.05	256	228	89.06	10.36±2.25
盱眙明辉养猪合作社	145	93	64.13	8.26±2.67	359	302	84.12	10.38±1.68
盐城市盐都区苏太猪扩繁场	95	58	61.02	9.63±2.15	328	295	89.94	11.88±2.33
泰兴市春燕畜业有限公司	156	101	64.74	7.38±2.38	287	241	83.97	9.41±2.75
合计	476	309	64.92	8.23±2.65	1230	1066	86.67	10.57±2.03

表 2-5　配种技术对繁殖的影响

	配种间隔时间（配种 2 次）		配种时体况	
	＜ 6 小时或 ＞ 18 小时	8 ～ 12 小时	偏肥或偏瘦	适中
样本数（头）	345	768	340	765
情期受胎率（%）	75.55	82.22	72.5	87.5
总产仔数（头）	11.65±2.65	12.98±2.53	10.62±2.97	13.42±2.32
产活仔数（头）	10.31±2.78	11.87±2.85	9.31±2.64	12.26±2.52

注：数据来源为江苏省宜兴市新建镇佰兴猪场、新沂市无公害苏太杂优猪示范场、泰兴市春燕畜业有限公司 3 个示范场的统计

3. 实行早期断奶，缩短母猪配种至妊娠间隔

早期科学断奶技术。一是断奶时间：通过试验研究，在目前的饲养管理水平和乳猪饲料条件下，断奶日龄适宜定在 21 ～ 35 日龄，饲养管理水平较高和乳猪饲料较好的条件下，可定在 21 日龄断奶，反之，则推迟断奶，但最迟宜在 35 日龄之前断奶。同时应调教并提高仔猪的采食量，断奶前仔猪日采食量应达到 150 克以上，否则不利于仔猪断奶后的生长发育。二是断奶方法：猪场一般采用"去母留仔法"一次断奶的方法，以减少对仔猪的应激，一般在断奶后 7 天将仔猪转到保育舍。这种方法操作简单，但容易使仔猪产生较强应激。适度规模养殖可以推行让仔猪逐渐少接触母猪，主要是逐渐减少仔猪吃奶次数，在每次吃奶前让仔猪先吃部分饲料以减少仔猪对吃奶的依赖性，这样一般可在 5 天左右完成断奶过程，对仔猪应激也比较小。

断奶仔猪环境控制技术。环境应激，特别对低温应激是引起断奶后腹泻的主要原因之一。因此，环境温度的控制对于断奶仔猪的饲养显得尤为重要。断奶仔猪各阶段适宜的环境温度为：断奶后 1 ～ 2 周，26 ～ 28℃；3 ～ 4 周，24 ～ 26℃；5 周后，应保持在 20 ～ 22℃。相对湿度，应保持在 40% ～ 60% 为最佳。传统方法是对整个保育舍进行加温，这种做法成本高，同时，难以满足通风的要求，且容易出现局部区域温度太低的现象。针对苏北地区特定的自然气候条件，冬季低温低湿，而断奶后的仔猪保育阶段特别前期的体温调节能力还很弱的情况，于冬季和初春期间采用开放式保育帘和局部采用电热板辅助技术进行小环境控制，能够实现舍外平均 10℃，舍内 23℃，保育舍的小环境内 25℃，实现了小环境保温、大环境保证空气质量的目标，改善了保育舍温湿度环境，显著提高了断奶仔猪的成活率。当舍外温度为 6 ～ 15℃时，保育舍内（开放式保育帘内）温度可达到 24℃以上。通过技术示范推广，仔猪腹泻率下降至 13% 以下，成活率达 90% 以上，生长速

度达 385 克 / 天左右，饲料转化率为 1.6:1。

（二）加强饲养管理和营养调控，使母猪多产、仔猪多活

　　繁殖母猪的饲养水平和哺乳期对仔猪的初生重、断奶窝重、成活率以及母猪连续生产性能都有很大的影响。母猪的繁殖周期分空怀期、妊娠期、哺乳期和断奶至发情配种间隔期 4 部分，其中妊娠期时间最长，约占母猪繁殖周期的 75%，哺乳期次之，约占母猪繁殖周期的 15%。因此，做好妊娠期和哺乳期母猪的精细化饲养管理，对提高繁殖母猪年生产力尤为重要。

1. 空怀母猪"短期优饲"饲养管理技术

　　成年母猪实际繁殖力和潜在繁殖力之间相差很大，要想多胎高产，必须加强母猪配种准备期的饲养管理，以便提供数量多、质量好的卵子，为高产奠定基础。正常饲养管理条件下的哺乳母猪，仔猪断奶时母猪应有 7 ~ 8 成膘，断奶 7 ~ 10 天就能再发情配种。仔猪断奶前几天母猪还能分泌相当多的乳汁，为防止断奶后母猪得乳房炎，在断奶前后各 3 天要减少配合饲料喂量，给一些粗饲料充饥，以使母猪尽快干乳。断奶母猪干乳后，由于负担减轻、食欲旺盛，多供给营养丰富的饲料和保证充分的休息，使母猪迅速恢复体力。此时日粮的营养水平和饲喂量与妊娠后期相同，并根据母猪的体况表现，决定是否增喂动物性饲料和优质青绿饲料。空怀母猪的饲养方法见图 2-20。据对 48 个猪场 360 头母猪 580 胎次的调查统计，应用空怀母猪在配种前实行"短期优饲"技术，可促进发情排卵，情期受胎率提高 3% ~ 4%，窝平均产仔数提高 0.4 头。

图 2-20　仔猪断奶前后母猪的饲喂方法

2. 妊娠母猪"前低后高"饲养管理技术

　　母猪妊娠期间从饲料中摄取的营养物质，首先要满足胎儿生长发育需要，然后再供给母猪自身维持和生长发育需要，并为将来泌乳贮备部分营养物质。如果妊娠期营养不足，不但胎儿得不到良好发育，还会由于胎儿生长发育的需要，而消耗母体本身的营养物质，使母猪消瘦而影响健康，甚至导致流产。相反，若母猪喂得过肥，使母猪体内特别是在子宫周围沉积脂肪过多，阻碍胎儿的正常生长发育，也会造成产出的仔猪较弱小，甚至死胎，还浪费饲料、增加饲料成本。根据胎儿 60% 的体重是在妊娠 80 天后生长，妊娠母猪的前期所需营养比后期少的生理特点，妊娠期母猪采取"前低后高"饲养法。即控制妊娠期的饲料喂量，妊娠前期（从配种至 80 天）喂量少，妊娠后期（80 天至出生）喂量多，并饲喂部分优质青绿饲料，使妊娠增重控制在 30 ~ 40 千克。具体是配后 1 ~ 30 天，重点是保胎。要饲喂妊娠前期母猪专用饲料，日粮饲喂量控制在 1.8 ~ 2.0 千克，并适当补充优质青绿饲料。配种后 31 ~ 80 天，继续饲喂妊娠前期母猪饲料，日粮喂给量控制在 2.0 千克左右，但可以多饲喂一些优质青绿饲料，除增加母猪饱腹感外，还可以补充更多的维

生素，防止便秘、无乳症。有条件的可每日安排母猪自由运动1小时，达到增强体质、减少难产的目的，对母猪不要大声吆喝、鞭打、追赶等。配种后81天至产前3天，重点是提高仔猪初生重和减少母猪产后体失重。饲料由妊娠前期调换成妊娠后期饲料，根据母猪体况每日增加0.5～1.0千克饲喂量或每日补喂200～250克动物脂肪，可提高母猪的泌乳量、乳脂率和仔猪的成活率。母猪应单圈饲养，防止因机械挤压引起流产。但在母猪妊娠初期（前20天），要适当提高饲料营养水平，加强饲养管理，以保证胎儿正常发育、防止流产。确保流产率低于1%，死淘率低于0.75%。

3. 临产母猪饲养管理技术

重点是做好母猪产前、产后监护工作，防止母猪难产，缩短产程，减少仔猪死亡。在母猪分娩前7天冲洗干净、严格消毒产房、产床、饲槽及仔猪保温室（图2-21）。

分娩前5天将母猪赶入产床舍，使母猪适应新的环境。分娩前3天应将母猪腹部、阴部清洗干净并进行消毒（图2-22），饲料喂量减少一半并在饮水中添加适量轻泻剂，以防母猪因胃肠内容物过多和便秘压迫子宫引起早产、难产。要准备好接产用具，如酒精、碘酒、装仔猪箱子、保温设备、抹布、剪刀、钳子、催产素、助产器械等。母猪分娩时要做好接产工作。对新生仔猪要做好"掏、擦、理、剪、烤"5个环节的护理工作（图2-23、图2-24）。小猪出生后立即用抹布将嘴、鼻中的黏液掏出，并将仔猪身上的黏液尽快擦干，使仔猪得以正常呼吸。若遇到脐带不脱离母体时，双手配合慢慢将脐带理出，将脐带内的血液向仔猪腹部方向挤压，然后在离腹部3指宽（4厘米）处把脐带剪断或用手指扭断，断处用碘酒消毒。若断脐时出血过多，可用手指捏住断头，直至不出血为止。

图2-21　产房消毒

图2-22　母猪腹部、阴部清洗

图2-23　断脐

图2-24　剪犬牙

用钳子剪掉仔猪嘴中 4 颗犬牙，防止咬伤母猪乳头，引发乳腺炎。最后将新生仔猪置于红外线灯下或保温箱中。若遇母猪难产，可注射催产素，对催产素无效者，采取手术助产，以尽量减少仔猪的死亡。母猪分娩结束后肌肉注射氯前列烯醇，使子宫内胎衣碎片彻底排出，保证母猪断奶后顺利发情。

4. 哺乳母猪"高营养水平"饲养管理技术

母猪产后不要急于饲喂，待休息 1～2 小时后，喂给一些加少量食盐的热麸皮水，直至体力得到一定恢复后，再开始喂哺乳期母猪专用饲料。泌乳期可根据产后母猪的采食量、泌乳量逐渐增加饲料，直至哺乳期结束前的 2～3 天开始减料，喂量为哺乳期的 1/3～1/2。哺乳母猪因哺育照顾仔猪，活动量大、耗费精力多，维持需要增加，泌乳又需要大量的营养物质，故哺乳母猪需要营养物质多。而饲料营养水平高低、饲喂量多少又直接关系到泌乳量的多少，泌乳量又直接影响到仔猪的生长发育。为加强母猪泌乳期的营养，大多采用高能量、高蛋白质、不限量饲喂"高营养水平"饲养法，并确保矿物质（钙、磷、食盐及微量元素）和各种维生素的营养平衡与需要，确保充足的饮水，以保证满足哺乳母猪的营养需求。具体饲料喂量要根据母猪的膘情、食欲、带仔多少和哺乳期不同阶段，进行及时调整。二元母猪各阶段营养含量见表 2-6。

表 2-6　二元母猪各阶段饲料营养含量推荐表

项目	母猪		
	怀孕前期	怀孕后期	哺乳期
消化能（兆焦）	12.15	12.15	12.55
粗蛋白质（%）	12	13	14.5
赖氨酸（%）	0.50	0.55	0.60
蛋氨酸（%）	0.25	0.30	0.35
苏氨酸（%）	0.35	0.35	0.40
异亮氨酸（%）	0.35	0.35	0.35
钙（%）	0.61	0.61	0.64
磷（%）	0.49	0.49	0.46

5. 哺乳仔猪饲养管理技术

固定乳头，早吃初乳。新生仔猪经断脐、断犬牙后应立即哺乳，保证全窝仔猪都能吃上足够的初乳。

母猪不同位次乳头泌乳量不同，所以，全窝仔猪出生后即可训练固定乳头，将弱小仔猪固定吃中、前部乳头，强壮仔猪固定吃后边的乳头，人工辅助训练至少2天，仔猪认定相应乳头后再停止（图2-25、图2-26）。

保温、防冻，确保成活率。新生仔猪的组织器官和机能尚未成熟，体内水分含量多（80%以上），脂肪含量极少（1%～2%），皮下脂肪层薄且多为结缔组织，被毛稀少，抗寒能力弱，若无保温措施，很容易被冻僵甚至冻死，所以在严寒季节产仔时，要及时将仔猪放入保温箱。

补铁制剂，防贫血症。初生仔猪每天平均需要7～11毫克铁，由于母乳中铁含量低，维持不了仔猪血液中血红蛋白、肌红蛋白的正常水平，仔猪因缺铁常出现贫血症状，生长快的仔猪常因缺氧而突然死亡或精神不振、生长缓慢、诱食困难，易并发白痢、肺炎等疾病。所以必须对新生仔猪补铁。

一般在仔猪出生后2日龄肌肉注射1毫升含铁100毫克，并含有维生素A、维生素D、维生素E等复合成分的铁制剂，如右旋糖酐注射液等。强制补饲，提早断奶。仔猪可以在21～35日龄断奶。仔猪在8日龄采取人工强制补饲，其方法是用适量乳猪料加少量开胃诱食精和水拌湿后，采用人工强制的方法糊于仔猪口腔上腭，让其慢慢咀咽，每日3次，连续3～5天后仔猪便可自由采食。

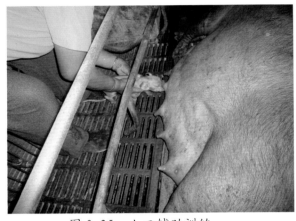
图 2-25　人工辅助训练

图 2-26　固定乳头

（三）及时淘汰繁殖性能差的母猪，建立合理的母猪群体年龄和胎次结构

要及时淘汰繁殖性能差的母猪，使母猪群保持稳产高产状态。一般母猪3～5胎繁殖性能最好，母猪年淘汰率应保持在25%～30%，母猪平均4胎左右才能使猪场保持高繁殖水平。所以，8胎以上的老年母猪、疾病、多因性多次流产和连续3次以上返情、后备母猪11月龄以上不发情和对催情无效、断奶2周后不发情且2次催情无效、配种后未受胎且不发情3个月以上、连续3次发情且3次交配不受胎、连续3胎产仔数低于8头且仔猪不整齐、异常分娩且连续2胎难产的母猪均应淘汰。

保持合理的母猪群体年龄结构和胎次结构，是建立高产母猪群的基础。母猪群体年龄结构主要依据母猪的利用年限而定。母猪的一般繁殖高峰为第3至第8胎，第9胎及9胎以后产仔数逐胎减少，仔猪存活率也逐胎下降。因此，母猪的利用年限为4～5岁，每年更新25%～30%。理想的母猪群体胎次结构为：第1胎母猪占20%；第2胎占18%；第3胎占17%；第4胎占15%；第5胎占14%；第6胎占10%；第7胎以上占6%。影响母猪每胎产仔数的因素见表2-7。

表2-7　影响母猪每胎产仔数的因素

因素	参考值
每胎产活仔数	3～6胎高峰
每胎产死胎数	随着胎数增加，5～6胎后增长迅速
产仔重	2～5胎稳定，此后下降
抚育能力	2～4胎高峰，此后下降
母猪死亡	青年母猪最高
生产失败	青年母猪最高
非生产日	青年母猪最高
分娩量	2～6胎高峰，此后下降

（四）选择高产品种，采用适宜的杂交繁育方式

适宜的杂交繁育方式有利于母猪年生产力的提高，主要是充分利用了母本甚至是父本的杂种优势。杂种一代仔猪比纯种仔猪还具有死亡率降低、断奶重提高的特点，杂种一代仔猪的断奶窝重一般要比两亲本的平均断奶窝重高出25%～30%。产仔多的窝仔数优势率一般在5%～10%，杂种一代母猪具有把更多的仔猪哺育到断奶的能力。

（五）母猪繁殖障碍疾病控制技术

随着规模养猪的发展，蓝耳病、细小病毒病、伪狂犬病、圆环病毒病等传染性母猪繁殖障碍疾病，导致母猪受胎率降低、流产、产死胎、产弱仔，严重影响母猪的生产性能，困扰着养殖场的发展和经济效益的提高（控制技术见本书相关章节）。

三、成效与案例

"母猪高产综合配套技术"是江苏省"生猪适度规模高效养殖技术集成与推广"项目推广的主要技术之一。"生猪适度规模高效养殖技术集成与推广"项目是 2008 年江苏省农业 3 项工程项目［SX(2008)075］。由江苏省畜牧总站牵头，组织苏州苏太企业有限公司、南京农业大学、扬州大学、江苏省食品集团有限公司泗阳养殖场以及如皋、阜宁等 24 个生猪生产重点县（市、区）等教学、科研、生产单位实施。项目组集成推广了"母猪高产综合配套技术"、"适度规模猪场设计与猪舍建造技术"、"生猪高效饲养管理技术"、"生猪生态健康养殖技术"、"生猪疫病综合防控技术" 5 大技术 14 项关键技术，2008～2010年，项目区生猪适度规模养殖发展迅速，由 39.75% 提高到 51.21%，高出全省 11.46%；项目区生猪生产水平显著提升，断奶仔猪成活率平均为 93.78%，保育仔猪育成率为 92.84%，仔猪哺乳期和育成期的成活率为 87.07%；对照组断奶仔猪成活率平均为 88.64%，保育仔猪育成率为 86.48%，仔猪哺乳期和育成期的成活率为 76.65%，项目实施组比对照组提高10.41%。生猪育肥期平均料重比由 3.30∶1 下降到 3.14∶1。项目实施 3 年，项目区适度规模养殖出栏生猪 1723.58 万头，每头新增纯收益 60.09 元，项目总经济效益 6.5 亿元。该项目获 2011 年江苏省政府农业技术推广三等奖。

第三节 仔猪早期补饲与断奶技术

一、技术概述

仔猪饲养分哺乳和断奶2个阶段。哺乳期的仔猪由在母体内环境生长发育转为外界环境生长发育，这个时期的仔猪生长发育快，代谢机能旺盛，利用营养能力强，但先天性免疫力低，易得病，调节体温能力也较差；在断奶期仔猪从哺乳过程转为吃料过程，身体适应性又1次产生变化，也是仔猪一生中应激最大的1次。这2个阶段是猪的生长发育过程中2个非常重要的转折期，也是死亡率高、饲养管理最繁杂的阶段。培育体质健壮发育良好的仔猪是提高养猪综合生产能力，提高猪群质量，降低生产成本的关键。哺乳仔猪的早期补饲有利于促进仔猪生长发育，提高仔猪断奶窝重，降低单位增重的饲料消耗，提高经济效益和仔猪成活率；同时也是实现母猪早期断奶、缩短母猪繁殖周期、增加年产胎数和提高母猪年生产能力的最有效办法。但仔猪也不宜太早开食，过早开食反而会由于仔猪消化器官不健全，消化腺机能不完善，对各种应激表现敏感，且由于方法不当而引起仔猪的采食量下降，生长受抑制，体重下降，腹泻甚至死亡。饲养哺乳仔猪的目的主要是保证成活和断奶，要做到这些必须加强饲养管理，为育肥阶段打下坚实基础。在仔猪饲养过程中必须经历"初生、补料诱食及断奶"3个关键时期，俗称"过三关"，由于各方面的因素，在养猪生产实践中，早期补饲这一措施没有得到应有的重视和应用，致使哺乳期仔猪生长发育不良，严重影响后期肥育效果和种猪群的质量，某些猪场在这方面也经历了不少挫折，造成不同程度的经济损失。

仔猪早期补饲技术是指提早补饲，即仔猪在7日龄左右开始，在圈内撒喂炒得焦黄酥脆的玉米、大豆粒或掺些全价混合干粉料以及添加甜味剂、香味剂等各种添加剂来诱食，让仔猪跟随母猪学食，达到尽早采食的目的；仔猪在2～4周龄后，母奶所提供的营养已不能满足其生长所需。随着仔猪日龄的增长，从断奶前补料中获得营养显得越来越重要。在相同断奶体重条件下，哺乳期予以补料的仔猪，其断奶后采食量和生长速度都比未补料的高。断奶前的补料还具有另一种价值，即补料能减少断奶后的饲料转换应激。同时，断奶前摄入多量补料，可以促进胃肠道"成熟"。早期补饲不仅是提高仔猪断奶窝重的主要措施，同时也是实现母猪早期断奶、缩短母猪繁殖周期、增加年产胎数和提高母猪年生产能力的最有效办法。

二、主要内容

（一）早期补饲技术

1. 早期补饲配料原则

在整个补饲期，应尽可能全面用配合饲料补饲，仔猪配合料不能只用熟的玉米糊和稀饭，必须品种多样，营养丰富，含有较多的蛋白质、矿物质和维生素。调制饲料的方法：

将配合饲料 1 千克，加水 0.81 千克搅拌均匀，再加少量切碎的鲜嫩青料，日喂 4 ～ 6 次，以吃饱为宜，吃完料再喂水，也可直接使用饲料厂生产的颗粒料。仔猪补饲应注意一定要在补饲料的同时，注意氨基酸、补充铜和铁等微量元素、维生素、有机酸、香味剂、甜味剂、益生素等的添加；注意饮水，定时增加饲料量；注意饲槽及圈舍卫生，预防各种疾病，尤其是 10 日龄左右的仔猪白痢。饲料形态以膨化颗粒为优，应选用和配制适口性、安全性、营养性、消化性好的仔猪料，确保仔猪料的质量。具体表现为：

①补饲只是为了补充母乳不足，不必提供所有的营养素。

②在选择原料时，饲料的适口性和消化率比养分含量更重要。

③补饲料至少含 1.25%（最高可达 1.7%）的赖氨酸。

④仔猪对饲料采食量。2 ～ 3 周龄日采食量 4 克，3 ～ 4 周龄日采食量 14 克，分别占采食总干物质的 2% ～ 7%。仔猪从出生到 5 周龄，每头采食量不超过 500 克。

⑤补充微量元素和维生素。补饲料中不仅要补充充足的蛋白质，同时要补充矿物质和维生素。铁、铜在母乳中十分不足，从仔猪出生后 2 ～ 3 天起，可给仔猪注射高铜、高铁针剂，亦可在饲料中加铜、铁添加剂。

⑥补饲料中添加脂肪。仔猪日粮中添加脂肪的益处是可提高日粮的适口性，改善增重和饲料效率，改善颗粒的硬度。一些研究表明，断奶仔猪日粮中脂肪最适添加量为 2% ～ 4%。

2. 早期补饲方法

饲料形态和适口性、环境温度是仔猪认料开食的重要前提。按照仔猪喜欢吃香甜脆食物，以及长牙时，牙根发痒，喜欢咬硬物的习性，可以在仔猪出生后 7 ～ 10 天诱食，通常采用的方法为：

①自由择食法。在农村没有颗粒饲料诱食的地方，可用炒熟的豌豆或麦粒，也可在炒熟豌豆或麦粒上浸些糖水，放在仔猪经常游走的地方，任其自由舔食咀嚼。

②饥饿法。把仔猪和母猪分开，待仔猪饥饿时，使其先吃料，再吃奶；吃料吃奶的间隔时间为 12 小时。

③强制诱食法。将配合饲料加糖水调制成稀糊状，涂在仔猪嘴内，任其舔食（如果是补饲颗粒料，直接用镊子夹着放入仔猪口内），反复数次，便可使仔猪学会吃料。仔猪的模仿性很强，无论采取哪种方法，都有仔猪带头引食的，只要有一头仔猪吃食，其余的都跟来争食，当全窝仔猪都开始吃料时，应迅速投入配合饲料或颗粒饲料，如果是人工调制，不要太湿，要以撒得开为度。

3. 早期补饲技术要点

当仔猪出生后 5 日龄即开始强制性补料，将仔猪料拌成糊状，抹入仔猪嘴里，1 日 2 次。7 ～ 15 日龄即开始补饲饲料，把煮黄豆或煮玉米放入盆或干净地面内对仔猪实施诱食，对个别诱食困难的仔猪，也可用粉状饲料拌成糊状饲喂。为了提高饲料的适口性，补饲的黄豆或玉米在煮沸时加入少许食盐或往粉状料中加入少许白糖，让仔猪舔食。一般经几天诱食补饲的仔猪即可自行认食采料。

仔猪到哺乳中期，即 15 ～ 25 日龄时将颗粒饲料调成配合饲料（饲料中加少许食盐）每日喂食 3 ～ 4 次。配合饲料的适口性必须好，日粮中粗蛋白质含量不能低于 18%。如果在日粮中添加适量赖氨酸和微量元素效果更佳。

哺乳仔猪生长到后期，即 25～35 日龄时，母猪的泌乳量下降，不能满足仔猪的生长需要。为了使仔猪生长不受影响，给仔猪所补的饲料中配合饲料与青饲料按 3:1 的比例拌匀，青饲料要切细。在补饲时水槽要保持长期有水，冬季最好用温水让仔猪自由饮用。在补喂饲料期间，要保证仔猪有一个健壮的机体。仔猪断奶前后在饲料中添加一定剂量的抗生素和抗应激药物，预防环境变化引起其他疾病，影响仔猪的正常生长。

4. 哺乳期仔猪饲养管理技术

（1）加强初产仔猪护理

产后 3 天内的仔猪应饲养在保温箱内，1.5～2 小时哺乳 1 次。母猪死亡、无奶、产仔过多或过少，要进行寄养和并窝。要求出生日龄接近，最好相差 2～3 天；母猪性情温顺、母性好，奶水充足。寄养一定要吃到初乳，扰乱寄养母猪的嗅觉、采取涂母猪奶水、2 窝仔猪先混再并窝等措施，保证寄养成功。

（2）及时补料、提早补料、增强胃肠机能

一般仔猪生后 7 天开始长牙，利用此时牙床发痒、喜啃硬物的特性，在栏内放置乳猪颗粒饲料或一些青料，让仔猪自由拱食。另外，要给仔猪补饲一定的矿物质。补料应注意同时补水，水质要新鲜、充足，勤换或自由饮水长流不断。注意补料卫生，防止仔猪发病。要求饲料营养全价，适口性好，饼类饲料 20%～25%，加入 3%～5% 的鱼粉、肉松粉，效果更好。

（3）防止仔猪腹泻

腹泻是仔猪最常见的疾病，对仔猪危害较大，主要有仔猪黄痢、白痢、红痢等，应进行综合防治。除按常规的卫生管理外，还可以使用疫苗预防，如仔猪红痢菌苗，母猪产前 1 个月注射 5 毫升，过 2 周再注射 10 毫升；仔猪大肠杆菌腹泻 K88-LTB 基因工程活疫苗（简称 MM 活疫苗），有 K88、K99、987P、F41 的单价或多价灭活苗，通过免疫母猪，使仔猪获得保护。母猪在分娩前 4～6 周进行免疫。此外，还可以使用中西药药物预防，如饲料中加入杆菌肽、大蒜素等。对已发生的病例及早治疗，如使用抗生素后海穴注射效果较好（如硫酸庆大霉素 80000 单位，盐酸黄连素 2 毫升混合 1 次后）。

（4）仔猪的保健与免疫

产后 1～3 天补铁（含硒最好），3～7 天接种传染性胃肠炎、流行性腹泻二联苗，14～20 天再补铁 1 次，2～4 周依次接种猪蓝耳病、气喘病、猪瘟疫苗。对仔猪危害最大的腹泻病，有条件的猪场最好对仔猪进行 3 针保健计划，即在仔猪 3 日龄、10 日龄及断奶前 1 天各肌肉注射 0.5 毫升，可预防仔猪腹泻、促进增重、提高断奶仔猪整齐度，并能预防猪萎缩性鼻炎、细菌性肺炎及其他细菌性疾病的发生，减少因病毒性疾病而引起的继发感染。

（5）仔猪的驱虫

仔猪极易感染蛔虫病和螨虫病，断奶分窝前应进行一次彻底驱虫，目的在于防止仔猪将寄生虫带入新的猪舍，同时清除仔猪体内外寄生虫，保证育肥期的健康生长，加快增重速度。驱虫药应选择伊维菌素，在第 1 次驱虫后，第 8 天或第 9 天再驱虫 1 次。

（二）断奶技术

1. 仔猪断奶方法

仔猪断奶可分为常规、早期和超早期断奶。我国传统养猪多采用常规断奶，即仔猪生长到常规断奶日龄，这一时期仔猪适应性强，断奶应激性小，仔猪成活率较高，母猪的年产仔窝数为 1.8 左右，育活仔数在 16 头左右，但这个生产水平与目前国外的先进养猪水平相比，相差甚远。规模猪场为了提高母猪的利用强度和年生产力，增加年产仔数和经济效益，逐步采用 35 ～ 42 日龄的早期断奶方法。一些发达国家，技术和设备比较先进的猪场还采用 21 日龄前超早期断奶的方法。

断奶的具体方法有"逐渐断奶"、"分批断奶"、"一次性断奶"3 种，前 2 种断奶方法的缺点是浪费人力，延长哺乳期，影响母猪的繁殖成绩；现代的全进全出式集约化养猪场为了保证全进全出，都使用一次性断奶的方法，这也是最可取的方法。这种方法突然性强，易引起仔猪产生较大的应激反应，因为断奶意味着生活环境的改变，为了减小应激，断奶时采用赶走母猪的方式，尽量减少环境的改变 在这样的措施之下遵循"两维持、三过渡"，即尽量维持原圈饲养，维持原来的饲料；做到环境条件、饲料、饲养制度的逐渐过渡，会收到良好的断奶效果。下面提供各种断奶技术详细过程，仅供参考。

①减少母猪饲料量。仔猪在断奶前 2 ～ 3 天内，就要减少母猪的饲料，特别是在母猪日粮中减除催乳作用的饲料。

②安全断奶法断奶。将母猪与仔猪分开关养，第一天将仔猪送给母猪哺乳 4 次，第二天 3 次，第三天 2 次，第四天 1 次，第五天断奶。

③母仔隔离饲养。断奶时将母猪赶到其他栏舍去，仔猪留在原圈内再饲养 10 ～ 15 天，仔猪在熟悉的环境里，便不会留恋母猪，很少发生不安的情况，能保持正常的食欲和增重。

④仔猪饲喂的次数。一定要逐渐过渡，断奶前日喂 8 ～ 9 次，断奶后改为 6 次，以后再改为 4 次。断奶后短期内还要适当控制饲料量，一般 5 天内不要增加或稍微增加，防止拉稀。

2. 断奶技术要点

断奶日龄主要根据母猪的生理特点、仔猪的生理特点和养猪生产者的饲养条件、管理水平等因素确定，应满足养猪场生产成本最低，生产利润最大的要求。断奶后的饲喂关键是让仔猪尽快吃饲料，让仔猪消化道内的营养不中断供给。从仔猪断奶前的 4 ～ 5 天开始，逐步减少母猪的饲喂量，控制母猪饮水，使母猪泌乳量减少，让仔猪先尝饲料后，再去吸乳，降低仔猪对母乳的兴趣。同时从断奶的一刻起，料槽中就一直放少量新鲜、优质、适口性好、消化率高的断奶前期饲料，将饲料用水拌成粥状，最好用适量牛奶或羊奶拌饲，这样断奶仔猪认料快，吃得多，断奶应激小，可提高成活率。

3. 断奶仔猪的饲养管理技术

（1）营养控制技术

①适宜蛋白原料与蛋白水平。保育料中蛋白质来源对仔猪小肠绒毛萎缩的程度有较大的影响。仔猪饲粮中植物蛋白比例太高还是会引起消化不良和腹泻，可能是因仔猪的消化能力弱。因此，应尽可能地提高断奶仔猪饲粮中动物蛋白比例。在鱼粉、脱脂奶粉、

乳清蛋白粉、喷雾干燥血粉和喷雾干燥猪血浆蛋白等几种动物蛋白中，以喷雾干燥猪血浆蛋白应用效果最佳，可在保育料中添加。一般来说，保育料中粗蛋白质含量应控制在18%～20%。

②日粮中添加脂肪。大量的试验表明，早期断奶仔猪饲料中添加脂肪可以改善适口性，提高仔猪的增重及饲料利用率。另一方面，从提高日粮能量水平来讲，添加油脂是很好的选择。但日粮加脂肪的效果与所加油脂的质量有很大关系。刚断奶的仔猪对不饱和脂肪利用率高于饱和脂肪。仔猪对植物性油脂，如椰子油、玉米油、大豆油的利用率比动物性油脂，如牛油、猪油要好。最好使用植物混合油，一般添加比例为2%。

③添加剂的适当添加。

酸制剂。在断奶仔猪日粮中适当添加有机酸制剂可以提高仔猪生长性能。有机酸可降低胃内pH值，有利于胃蛋白酶活性增强及抑制病原微生物，尤其是大肠杆菌的生长与繁殖。因此，可提高仔猪对日粮养分，尤其是蛋白质的消化率，降低仔猪的腹泻。一般在早期断奶仔猪日粮中添加1%～2%的柠檬酸、延胡索酸或甲酸，可以显著提高蛋白质消化率，降低腹泻病的发生率。

酶制剂。在仔猪日粮中添加外源性酶，如β-葡聚糖酶、植酸酶等，可以减轻或消除饲料抗营养因子的影响，弥补内源性消化酶的不足，促进各种营养物质的消化与吸收，提高饲料利用率，消除消化不良，减少腹泻的发生。试验表明，在断奶仔猪日粮中添加0.15%的复合酶可使仔猪日增重提高10%以上，饲料转化率提高1.5%左右，腹泻发病率下降20%以上。

益生菌制剂。益生菌制剂是指通过改善肠道微生物平衡而对动物产生有利影响的活的微生物饲料添加剂，现已被广泛应用在养殖业生产中，它在绿色饲料生产中具有广阔的应用前景。在断奶仔猪日粮中添加乳酸菌、酵母菌等益生菌及寡聚糖等化学益生素，可以明显改善肠道微生物的生存环境，抑制病原菌生长，促进有益菌的繁殖及活性，从而防止断奶仔猪腹泻，促进仔猪生长发育。

免疫增强剂。目前市场上已生产出专用于早期断奶仔猪的免疫球蛋白，可通过饲料和饮水，增强其免疫力和抗病力。另外，据试验，在日粮中添加维生素E、免疫球蛋白、谷氨酰胺、铁、锌等也可增强仔猪的免疫力。

（2）舍内环境的管理技术

早期断奶仔猪对环境的要求也较高，主要从以下几方面入手。

①圈舍环境不变。仔猪断奶后1～3天很不安静，经常嘶叫和寻找母猪，夜间尤甚。采取原圈饲养，让仔猪原来熟悉的休息、饮食和排泄等环境不变，可减少应激发生。如果需要调换圈舍，应在断奶前半月随母猪一起进行或断奶后半月进行。

②饲养人员不变。原来饲喂母猪的饲养员了解母猪和仔猪的习性，应继续让其饲喂断奶仔猪，保证仔猪按时吃料和饮水，还容易发现得病的仔猪，做到及时治疗。

③做好防寒保温工作。仔猪对低温的适应能力差，如果在温度低的季节进行早期断奶，会加剧仔猪的寒冷应激，这个时候就要特别做好防寒保温措施。

④确保舍内卫生和消毒。实行"全进全出"制，对舍内环境进行严格的消毒；勤清粪、少冲洗，舍内空气湿度控制在60%～70%；训练仔猪定点排便，使仔猪慢慢养成定点排便

的习惯；加强通风，降低舍内氨气、二氧化碳等有害气体含量，以减少对仔猪呼吸道的刺激，从而减少呼吸道疾病的发生。

⑤规范免疫程序。严格按照免疫程序及时给仔猪注射疫苗。

三、成效与案例

随着养猪生产集约化程度的不断提高，仔猪早期补饲与断奶技术显得尤为重要。为了提高母猪的繁殖力和圈舍利用率，我国已逐步普及 3～5 周龄断奶，国外已将此项技术措施作为正常的生产程序，有些国家采用了 7～14 日龄断奶。随着仔猪饲料新型添加剂不断涌现，酸制剂、酶制剂、抗生素、益生素等非营养性添加剂蓬勃发展，对基础的碳水化合物、蛋白质、脂肪、矿物质、维生素等研究也是日新月异，如目前研究比较新颖的添加剂微生物脂肪酶、抗菌肽、酶制剂、氨基酸等，微生物脂肪酶适合作为饲料添加剂作用于动物肠道，促进动物肠道内脂质消化和吸收，以动物肠道作为酶反应场所。而酶制剂作为一种新型绿色环保饲料添加剂，广泛应用于养猪业并取得显著效果。精氨酸与精氨酸生素作为一种新型的功能性氨基酸，在断奶仔猪精氨酸内源合成中具有重要的作用，进而促进动物生长性能。因此，目前很有发展前景的精氨酸以及精氨酸生素、谷氨酸等氨基酸、甜味剂、香味剂、调味剂、酶制剂、酸化剂、益生菌、微生物脂肪酶等的广泛应用，为仔猪早期补饲与断奶技术提供了良好的条件。

第四节 瘦肉型商品猪的饲养管理

一、技术概述

所谓瘦肉型商品猪是指以生产商品瘦肉为目的，体重 90 ～ 100 千克屠宰，其瘦肉率在 50% 以上的杂种猪。即用瘦肉型猪作父本，与地方良种母猪或一代杂种母猪或外来良种母猪杂交产生的后代。在生产瘦肉型商品猪的过程中采用标准化饲养，选择品种优良、配以高效的饲养管理和防疫技术，进而生产出优质瘦肉型商品猪。

二、主要内容

（一）生产瘦肉型商品猪的基本要求

育肥的环境条件：

①建立圈舍的消毒与防疫制度。在进猪之前必须对猪舍、圈栏、用具等进行彻底的消毒。要彻底清扫猪舍走道、猪栏内的粪便、垫草等污物，用水洗刷干净后再进行消毒，猪栏、走道、墙壁等可用 2% ～ 3% 的苛性钠（火碱）水溶液喷洒消毒，停半天或 1 天后再用清水冲洗猪栏和地面。墙壁也可用 20% 石灰乳粉刷。应提前消毒饲槽、饲喂用具、车辆等，消毒后洗刷干净备用。

进猪后要严格执行防疫制度，禁止外来人员等进入猪舍，并定期用百毒杀等对猪只安全的消毒液进行带猪消毒。

②合理组群。不同杂交组合的仔猪有不同的生活习性和行为表现，有不同的营养需要和生产潜力，合在一起饲养既会使其互相干扰影响生长，又因不能兼顾各杂交组合的不同营养需要和生产潜力而使各自的生产性能难以得到充分的发挥。因此，按杂交组合分群，可避免因生活习性不同而造成相互干扰采食和休息，并且因营养需要、生产潜力相同而使得同一群的猪只发育整齐，同期出栏。还要注意按性别、体重大小和强弱进行组群。

稳定的动物群体环境是动物个体正常生长发育所必需的，群体环境的变化对动物个体是一种不良刺激。因此要求组群后要相对固定，因为每一次重新组群后，大约需 2 周的时间，才能建立起比较安定的新群居秩序，在最初的 2 ～ 3 天，往往会发生频繁的个体间争斗。所以，猪群每重组 1 次，猪只一周内很少增重，确实需要进行调群时，要按照"留弱不留强"（即把处于不利争斗地位或较弱小的猪只留在原圈，把较强的并进去），"拆多不拆少"（即把较少的猪留在原圈，把较多的猪并进去），"夜并昼不并"（即要把两群猪合并为一群时，在夜间并群）的原则进行，并加强调群后 2 ～ 3 天内的管理，尽量减少发生争斗。

③饲养密度与群的大小。在正常情况下，动物群体中个体与个体之间总要保持一定距离，群体密度过大时，使个体间冲突增加，炎热季节还会使圈内局部气温过高而降低猪的食欲，这些都会影响猪只的正常体息、健康和采食，因而影响猪的增重和饲料利用率。随

着猪体重的增大，适宜圈舍面积逐渐增大。为满足猪对圈栏面积的需求，又保证肥育期间不调群，最好的办法就是采取移动的栏杆圈栏。这样既可以随猪只体重增大相应地扩大圈栏面积，又可避免调群造成的应激。

④调教。猪一般多在门口、低洼处、潮湿处、圈角等处排泄，排泄时间多在喂饲前或是在睡觉刚起来时。因此，如果在调群转入新圈以前，事先把圈舍打扫干净，特别是猪床处，并在指定的排泄区堆放少量的粪便或泼点水，然后再把猪调入，可使猪养成定点排便的习惯。如果这样仍有个别猪只不按指定地点排泄，应将其粪便铲到指定地点并守候看管，经过 3 ～ 5 天猪只就会养成采食、卧睡、排泄三角定位的习惯。调教成败的关键在于抓得早（猪进入新圈前即进行），抓得勤（勤守候、勤看管）。

⑤温度。生长肥育猪的适宜温度为 15 ～ 23℃，适宜温度随猪体重的不同而不同。在适宜温度下，猪的增重快，饲料利用率高。过冷过热都会影响猪只生产潜力的发挥，温度低时会增强猪的代谢，多消耗饲料来维持正常体温，降低日增重，增加单位增重的耗料量。舍内温度在 4℃ 以下时，会使增重下降 50%，而单位增重的耗料量是最适温度时的 2 倍。温度过高时，为增强散热，猪只的呼吸频率增高，食欲降低，采食量下降，增重速度减慢，如果再加之通风不良，饮水不足，还会引起中暑死亡。因此，在生产实践中，必须加强管理，做好防寒保温，防暑降温工作。

⑥湿度。空气相对湿度以 40% ～ 75% 为宜。对猪影响较大的是低温高湿和高温高湿。低温高湿，会加剧体热的散失，加重低温对猪只的不利影响；高温高湿，会影响猪只的体表蒸发散热，阻碍猪的体热平衡调节，加剧高温所造成的危害。同时，空气湿度过大时，还会促进微生物的繁殖，容易引起饲料、垫草的霉变。但空气相对湿度低于 40% 也对猪不利，容易引起皮肤和外露黏膜干裂，降低其防卫能力，会增加呼吸道和皮肤疾患。

⑦空气新鲜度。肉猪舍空气中有毒有害气体的限制指标是，二氧化碳不超过 0.2%，氨的浓度在 0.02 毫克／升以内，硫化氢应控制在 0.015 毫克／升以下。

因此，在猪舍建筑时要考虑猪舍通风换气的需要，设置必要的换气通道，安装必要的通风换气设备。在构筑塑料棚舍时，也要留足通风孔以利换气。在管理上，要注意经常打扫猪栏，保持圈舍清洁，减少污浊气体及水汽的产生，以保证舍内空气的清新和适宜的温度、湿度（图 2-27）。

图 2-27　猪舍通风

⑧光照。光照对肉猪增重、饲料利用率和胴体品质及健康状况有影响。总的说来，光照对这些指标的影响不大，从猪的生物学特性看，猪对光也是不敏感的。因此，肉猪舍的光照只要不影响操作和猪的采食就可以了。强烈的光照会影响肉猪的休息和睡眠，从而影响其生长发育。

（二）科学地配制饲粮并进行合理地饲养

1. 饲粮的营养水平

能量水平。针对我国目前养猪实际，兼顾猪的增重速度、饲料利用率和胴体肥瘦度，饲粮能量浓度以 11.9～13.3 兆焦／千克消化能为宜，前期取高限，后期取低限。为追求较瘦的胴体，后期还可适当降低。

2. 蛋白质和必需氨基酸水平

对于高瘦肉生长潜力的生长肥育猪，前期（60 千克体重以前）蛋白质水平为16%～18%，后期13%～15%；而中等瘦肉生长潜力的生长肥育猪前期14%～16%，后期12%～14%。为获得较瘦的胴体，可适当提高蛋白质水平，但要考虑提高胴体瘦肉率所增加的收益能否超出提高饲粮粗蛋白质水平而增加的支出。

在生产实际中，为使饲粮中的氨基酸平衡而使用氨基酸添加剂时，首先应保证第一限制性氨基酸的添加，其次再添加第二限制性氨基酸，如果不添加第一限制性氨基酸而单一添加第二限制性氨基酸，不仅无效，还会因饲粮氨基酸平衡进一步失调而降低生产性能。

3. 矿物质和维生素水平

肉猪必需的矿物质元素（包括常量元素和微量元素）有 10 余种，生长肥育猪饲粮一般主要计算钙、磷及食盐（钠）的含量。

生长猪对维生素的吸收和利用率还难以准确测定，目前饲养标准中规定的需要量实质上是供给量。而在配制饲粮时一般不计算原料中各种维生素的含量，靠添加维生素添加剂满足需要。

4. 粗纤维水平

同其他家畜相比，猪利用粗纤维的能力较差。为保证饲粮有较好的适口性和较高的消化率，生长肥育猪饲粮的粗纤维水平应控制在 6%～8%，若将肥育分为前后两期，则前期不宜超过 5%，后期不宜超过 9%。在决定粗纤维水平时，还要考虑粗纤维来源，稻壳粉、玉米秸粉、稻草粉、稻壳酒糟等高纤维粗料，不宜饲喂肉猪。

（三）瘦肉型商品猪育肥期的饲养管理

1. 瘦肉型商品猪育肥开始阶段的饲养管理

（1）日粮与饲喂

此阶段猪的机体各组织、器官的生长发育功能不很完善，尤其是刚刚 20 千克体重的猪，其消化系统的功能较弱，消化液中某些有效成分不能满足猪的需要，影响了营养物质的吸收和利用，并且此时猪只胃的容积较小，神经系统和机体对外界环境的抵抗力也正处于逐步完善阶段。这个阶段主要是骨骼和肌肉的生长，而脂肪的增长比较缓慢。

建议日粮配方（%）：玉米 50.1；豆饼 21.0；小麦麸 5.0；细麦麸 10.0；稻谷 12.0；骨粉 1.0；贝粉 0.6；食盐 0.3。

（2）饲养管理要点

日粮搭配多样化。猪只生长需要各种营养物质，单一饲粮往往营养不全面，不能满足猪生长发育的要求。多种饲料搭配应用可以发挥蛋白质及其他营养物质的互补作用，从而提高蛋白质等营养物质的消化率和利用率。

饲喂定时、定量、定质。定时指每天喂猪的时间和次数要固定，使猪的生活有规律，有利于消化液的分泌，提高猪的食欲和饲料利用率，根据具体饲料确定饲喂次数。精料为主时，每天喂 2～3 次即可，青粗饲料较多的猪场每天要增加 1～2 次。夏季昼长夜短，白天可增喂 1 次，冬季昼短夜长，应加喂 1 顿夜食。饲喂要定量，不要忽多忽少，以免影响食欲，降低饲料的消化率。每次饲喂掌握在八九成饱为宜，使猪在每次饲喂时都能保持旺盛的食欲。饲料的种类和精料、粗料、青料比例要保持相对稳定，不可变动太大，变换饲料时，要逐渐进行，使猪有个适应的过程，有利于提高猪的食欲以及饲料的消化利用率。

以生饲料喂猪。饲料煮熟后，破坏了相当一部分维生素，若高温久煮，使饲料中的蛋白质发生变性，降低其消化利用率；而有些青绿多汁饲料（黑麦草、蔬菜类等）闷煮后可能产生亚硝酸盐，易造成猪只中毒死亡。生料喂猪还可以节省燃料，减少开支，降低饲养成本。

（3）疾病防治

本阶段主要防治猪传染性胸膜肺炎、猪肺疫、猪瘟、猪副伤寒。

2. 瘦肉型商品猪育肥前期的饲养管理

（1）日粮与饲喂

喂猪要规定一定的次数、一定的时间和一定的数量，在规定的时间内投喂。每日饲喂次数可根据各户的具体情况而定。一般此阶段每天喂猪 4～5 次，使大猪有足够的时间睡眠，以减少活动，特别是夏季，避免中午最热时喂料，对增重有利。一天中各餐的间隔时间应相等，每餐喂量保持适量和均衡，既不要使猪有饥饿感，也不要使猪吃得过饱，一般喂九成饱。早、晚 7～9 点喂食最佳。

建议日粮配方（%）：玉米 60.4；豆饼 23.0；麦麸 5.0；高粱 10.0；贝粉 1.2；食盐 0.4。

（2）环境要求

坚持每天清扫、通风、巡查外，每天保持让猪饮水 3 次。保持猪舍卫生，地面干燥清洁，每天清扫除粪 3 次，保持通风良好。冬季，注意排气防潮，同时注意保温，定时、定期对使用的工具进行刷洗消毒。

（3）饲养管理要点

饲喂。定时饲喂，使猪的生活有规律，有利于消化液的分泌，提高猪的食欲和饲料利用率。精料，每天喂 2～3 次即可，青粗饲料较多的猪场每天要增加 2 次。夏季白天可增喂 1 次，冬季，应加喂 1 顿夜食。要定量饲喂，以免影响食欲，降低饲料的消化率。每次饲喂掌握在八九成饱为宜，使猪在每次饲喂时都能保持旺盛的食欲。饲料的种类和精料、粗料、青料比例，要保持相对稳定，不可变动太大；变换饲料时，要逐渐进行，使猪有个适应的过程，有利于提高猪的食欲及饲料的消化利用率。

以生饲料喂猪。饲料煮熟后，破坏了相当一部分维生素，若高温久煮，使饲料中的蛋白质发生变性，降低其消化利用率，生料喂猪还可以节省燃料，减少开支，降低饲养成本。

掌握日粮的稀稠度。日粮调制过稀，不仅影响唾液分泌，而且稀释胃液，影响饲料的消化。饲喂稀料使猪干物质进食量降低，同时猪排尿增加，消耗体热。因此，日粮调制以稠些为好，一般料、水比为 1：(2～4)。冬季应适当稠些，夏季可适当稀些。

饲养方式。饲养方式可分为自由采食与限制饲喂两种，自由采食有利于日增重，但猪体脂肪量多，胴体品质较差。限制饲喂可提高饲料利用率和猪体瘦肉率，但增重不如自由采食快。

（4）疾病防治

本阶段主要防治猪瘟、猪传染性萎缩性鼻炎、传染性胸膜肺炎、肺疫，详细方法见有关章节。

（四）瘦肉型商品猪育肥中期的饲养管理

1. 日粮与饲喂

此阶段应充分利用育肥猪较强的生理功能和良好的适应性，在不影响生长的情况下尽量降低饲养成本。为满足瘦肉和骨头的快速增长，要求用粗蛋白质 18% 的小猪料的水平较好，此期，要控制玉米粉等的用量，不能太高，不能超过 70%，减少肥肉的生长。

建议日粮配方（%）：玉米 66.4；豆饼 17.0；麦麸 5.0；高粱 10.0；贝粉 1.2；食盐 0.4。

2. 饲养管理要点

（1）日粮搭配多样化

猪只生长需要各种营养物质，单一饲粮往往营养不全面，不能满足猪生长发育的要求。多种饲料搭配应用，可以发挥蛋白质及其他营养物质的互补作用，从而提高蛋白质等营养物质的消化率和利用率。研究证明，单一玉米喂猪，蛋白质利用率为 51%；单一肉骨粉喂猪，则蛋白质利用率为 41%；如果把两份玉米加一份肉骨粉混合喂猪，蛋白质利用率可提高到 61%。

（2）圈养密度

合理调整每个圈舍密度对本阶段很重要，实践证明：30～60 千克生长育肥猪每头所需面积为 0.6～1.0 平方米，60 千克以上的育肥猪每头需 1.0～1.2 平方米。每圈头数以 10～12 头为宜。

3. 疾病防治

本阶段主要防治猪丹毒、猪瘟、猪传染性萎缩性鼻炎、猪肺疫、口蹄疫。

（五）瘦肉型商品猪育肥后期的饲养管理

（1）日粮与饲喂

猪只体重 60 千克至出栏为催肥期。此阶段猪的各器官的功能都逐渐完善，尤其是胃和肠的功能增强，对各种饲料的消化吸收能力都有很大改善；神经系统和机体对外界的抵抗力也逐步提高，逐渐能够快速适应周围温度、湿度等环境因素的变化。生长育肥猪的经济效益主要是通过生长速度、饲料利用率和瘦肉率来体现的，因此，要根据生长育肥猪的营养需要配制合理的饲料，最大限度地提高瘦肉率和肉料比。

建议日粮配方（%）：玉米 50.4；豆饼 15.0；小麦麸 8.0；细麦麸 10.0；稻谷 15.0；骨粉 0.4；贝粉 0.9；食盐 0.3。

（2）环境控制

本阶段的适宜温度为 20℃，坚持及时清扫圈舍、通风，良好的猪舍环境条件有利于健康，减少疾病发生，同时又能促进猪的生长，减少由于环境条件恶劣带来的经济损失。定期消毒，最好间隔 7 天把猪圈清洗干燥后，用消毒药水喷雾猪圈 1 次。

（3）饲养管理要点

①湿拌饲料。饲料干湿以手握成团为宜，不宜太干。②限量饲喂。为了防止育肥后期脂肪过量沉积，可按育肥猪每天所需日粮的 80% 饲喂或加大青粗饲料喂量，以控制能量摄入，提高猪的瘦肉率。③青饲料、青贮料的应用。生猪在育肥期间，在日粮中加喂 10%～15% 的青饲料或青贮料，不仅可以降低饲料的费用，还可增进猪的食欲，提高饲料转化率。但过多应用青饲料或青贮饲料，将会延缓生猪生长，延长育肥时间。④夜间喂猪能增膘。在夏季天气炎热，夜间喂猪比白天喂猪增重快。这是因为，夜间天气凉爽，外界干扰少，有利于猪多进食、多睡觉，并减少白天的活动。其技术要求是：

饲喂时间。一般可在 19 时、23 时和翌日凌晨 4 时分 3 次饲喂；白天在 10 时和 14 时各喂 1 次 0.5% 的淡盐水。

饲喂数量。体重在 35 千克以下的猪，每天喂食 2 千克（不含青绿饲料）、饮淡盐水 10 千克；35～60 千克体重时，每天喂食 2.75 千克、饮淡盐水 15 千克；体重在 60 千克以上的猪，每天喂食 3.5 千克、饮淡盐水 17～20 千克。采用这种方法喂到 90 千克体重时，每天可增重 0.75 千克。另外，夏季喂猪要注意防止蚊虫叮咬，并定期喂给适量畜用土霉素；每天清晨清扫猪舍和冲洗饲用器具。

（4）疾病治疗

本阶段主要治疗猪疥癣、猪瘟、猪丹毒、口蹄疫。

三、成效与案例

黑龙江省齐齐哈尔市梅里斯达吾尔族区鑫港种猪场，从 2010 年开始采用瘦肉型商品猪标准化养殖技术，并制订了三元杂交猪的总体生产方案和各种猪群的饲养标准，筛选二元杂交组合、生产优质二元母猪，筛选优质三元杂交组合、生产优质三元杂交商品猪，并辅以无公害饲料生产、科学饲养、规范管理、疫病综合防治、环境调控等多项技术。3 年来已为齐齐哈尔市周边区县提供优质瘦肉型商品猪近 15 万头，直接经济效益 1.8 亿元，为齐齐哈尔市生产优质瘦肉型商品猪做出了贡献。该场通过使用该项技术，增强了猪场的科技含量，使猪场成为齐齐哈尔市龙头企业，国家级标准化示范场，黑龙江省优秀种公猪供精单位。

第五节 多点式生产与分阶段饲养

一、技术概述

随着养猪模式不断向工厂化、规模化方向发展，疫病防控与提高猪群生产性能逐渐成为猪场优质、高效生产的技术难点和技术重点。全进全出、早期断奶、多点式生产等技术对切断病原体在猪群／场中的相互传播起到了重要的作用，尤其是多点式生产因为操作简单，实施效果明显，逐渐引起养猪生产者和科研工作者的重视。同时，由于猪营养研究的日趋深入，饲粮配制技术的不断提高和饲喂设备的逐渐完善，根据不同猪群的生理阶段、生产用途、生产性能等差异而进行的分阶段饲喂猪群营养调控策略逐渐走进猪场，在提高经济效益方面，起到支撑性作用。

多点式隔离饲养技术是猪场在组织生产时，根据猪场的规模、周围环境、病原体的种类及当地的气候条件等因素，设立相隔一定距离的生产区，在不同生产区内有序地完成整个猪场的生产工艺流程，是养猪生产的一种生产组织形式。

分阶段饲养技术主要集中在猪群营养调控方面，是依据不同生理阶段、生产用途和生长阶段猪只的生理特点及其对饲料营养成分需要量的不同，为其提供经过优化配制的饲料，是猪群精细化营养调控技术。

二、主要内容

组织多点式生产模式的理论依据主要有不同生理阶段的猪只易感的病原体不一致、隔离不同生理阶段的猪只能够有效地切断病原体的传播；不同病原体在气溶胶条件下传播距离有限，可以减少病原体在不同猪场、猪群间传播。

（一）多点式生产

在养猪生产实践中，一种传染病的流行需要有3个基本环节：传染源、传播途径和易感猪群，缺少任何一个环节，猪病毒都无法进行传播、感染，猪群也就不会发生传染病。但是，在养猪生产实践中，无论是净化传染源，还是消除易感猪群都受到很多因素的限制，效果都非常不理想，无法进行有效的猪病防治。近年来，大家都在阻断病原体的传播途径上进行了大量的研究，提出了很多有效的方法。其中，多点式生产就因为能够根据生物安全的基本原理，通过严格的管理，在很大程度上切断了病原体在不同猪群间的传播，减少了猪病的发生率，在一定程度上提高了养猪生产者的经济效益。

猪的胎盘较一般的哺乳动物复杂，导致大分子抗体蛋白很难直接通过胎盘而进入到胎儿体内。但在仔猪初生后3～5天内，母猪初乳中的抗体蛋白还是能够直接通过仔猪小肠壁而进入仔猪体内，发挥相应的功能。因此，仔猪在哺乳期内，疾病的发生率并不高。随着母源抗体在仔猪体内的逐渐消失，仔猪受母猪携带的病原体感染的风险也逐渐加大。在比较仔猪通过吸吮母乳而获得的体增重与感染疾病的风险后，一些养猪场开始进行早期断奶，以减少哺乳仔猪感染疾病的危险。同时，在药物的帮助下，进行早期、隔离、多点式养猪生产，是一种有效阻断不同猪群间疾病相互感染的有效技术措施（图2-28）。

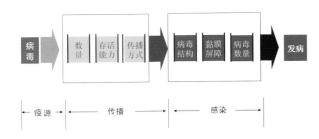

图2-28　传染病发生过程

通过将不同生理状态、不同健康状态、不同生产用途的猪只进行隔离，在一定的距离内，使不同猪只生产在一个相对"干净"的环境内，充分利用不同病原体在不同生理阶段猪只中的易感性不同这一特性，进行疫病防控，是技术、资金投入少而效果明显的技术措施。

（二）分阶段饲养

在肉猪生产中，不同生理阶段的猪只对营养需求的特点不一致。在仔猪出生后，直到生长育肥阶段，机体组织的生长发育高峰出现的顺序依次是骨骼、肌肉、脂肪。这种发育顺序的不同，对饲粮养分种类和需要量提出了新的变化趋势，进而要求饲粮配制技术更精确，以便使饲料所提供的营养物质能在最大程度上满足猪只的生产需要，避免不足和浪费。比如，后备小母猪，饲粮养分需要量除了要满足胎儿和子宫内容物的发育外，还要满足自身的生长和维持需要。这一点，就明显有别于成年母猪的妊娠期营养需要量。因为，成年母猪即使与后备小母猪有着相同的代谢体重，其养分需要量只需要满足自身维持及胎儿发育，生长所需要的养分很少。再比如，断奶仔猪与生长后期的育肥猪相比，其消化道发育尚不完善，不能大量利用玉米这样的植物性能量饲料，需要补充一定量的动物性能量饲料，如乳清粉、动物油脂等，才能降低腹泻率和提高生长性能（图2-29）。

（三）技术优点

1.净化猪场疾病

在早期断奶、全进全出等技术辅助下，多点式生产可以对大量的猪场疾病进行有效净化。据资料介绍，多点式生产可以除去的病原有：猪流行性感冒病毒、猪呼吸和繁殖综合征病毒、传染性胃肠炎病毒、伪狂犬病、沙门氏菌、猪喘气病、猪细小病毒、猪副嗜血杆菌、萎缩性鼻炎、猪痢疾等。

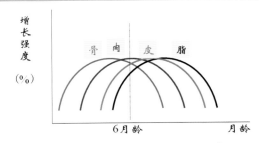

图2-29　各种组织沉积与生长顺序

2. 提高免疫水平

机体的免疫水平，尤其是非特异性免疫水平的高低与饲料营养的关系密切。营养素结构合理、供应充足的猪群，其整体健康水平也较高，对疾病的抵抗力也相对较强。鉴于营养素进入猪体内分为维持营养、生长营养和免疫营养，猪的抗病营养成为猪营养学领域近年来的研究热点。在相同的病原体感染压力下，维持较高的非特异性免疫水平就需要较高的免疫营养水平。免疫营养需求与生长营养和维持营养不同，其主要的营养素的基本用途是要满足免疫系统的组织更新、发挥正常功能及合成免疫因子等过程的营养需要。不同生理阶段的猪只在维持正常免疫水平时的营养需要是不一致的。比如，妊娠期母猪因为具有"孕期合成代谢"生理特点，与哺乳母猪相比，对饲料的营养需求就明显不同。这种差异性的营养需求只能通过分阶段饲养才能满足。

3. 降低技术压力

疫病防控一直是养猪生产者面临的技术难点，俗称"家有万贯，带毛不算"，足见养猪的疫病防控压力之大。但在我国养猪生产近30年的发展历程中，却存在着"老病没有消灭、疾病种类增加"的现象，严重地制约了我国养猪业的高产、高效、优质的发展进程。究其原因就是兽医技术的普及推广程度低，养猪生产者片面理解兽医卫生，严重依赖兽医技术，产生了管理、预防和治疗三者间的失衡。

"重管理、轻治疗"的生产理念逐渐被养猪者所接受。通过有效的管理手段来净化猪场的疾病，对不同猪群施行精细化饲养是企业可持续发展的基本途径。多点式生产和分阶段饲养通过切断病原体的传播途径和对不同猪群进行精细化的营养调控，可以很大程度上破坏掉传染病传播所必须的两个环节：传播途径和易感猪群，对于降低疫病防控难度有着巨大的作用。

（四）技术要点

无论是多点式生产还是分阶段饲养，都需要根据猪场的实际情况来组织实施，需要一定的技术统筹。同时，不能将多点式生产或者分阶段饲养看成独立的技术体系，而是与早期断奶、药物处理、饲料加工等技术和工艺相辅相成，才能体现这两种技术的优势。

1. 点的规划

在"多点式生产"的组织过程中，核心的问题是关于点的规划。

（1）模式1：两点式

在这种模式中，母猪繁殖场作为地点1，仔猪的保育和肥育场作为地点2。

在地点1中，母猪的空怀、妊娠、产子、哺乳等工作都在一个场子里。当仔猪经过一定时间的哺乳后（通常要辅以早期断奶和药物处理），进行断奶，然后送到另外一个场子进行保育和肥育。在地点2中，猪群采用"一竿子到底"法进行生产，不再有转群、换圈等工作。其优点是实施方法简单、易于操作。缺点是在保育猪阶段与生长育肥阶段没有进一步的隔离，一些疾病可能在这一阶段相互感染（图2-30）。

（2）模式2：改良的两点式

改良的两点式是在模式1的基础上，对保育猪和育肥猪进行场内的两点式分离。地点

1 仍然作为繁殖猪群的生产区；地点
2 进行场内两点式规划，仔猪的保
育区在场子内部一点，生长育肥区
在场子另一点，二者相隔较近。改
良的两点式生产模式在很大程度上
使保育猪与育肥猪隔离开来，但仍
然处于同一场子，疾病风险仍然较
大（图2-31）。

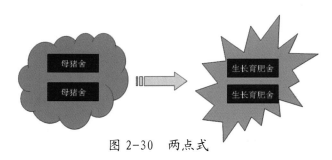

图 2-30　两点式

（3）模式3：三点式

地点1：母猪繁殖场；地点2：
仔猪保育场；地点3：生长育肥场。

这种模式是比较典型的模式，在
国内外得到了较大范围的应用。与模
式1和模式2相比，模式3在拉开了
仔猪保育区与生长育肥区的距离，更
能有效地减少疫病防控的压力（图
2-32）。

（4）模式4：改良的三点式

仔猪在保育期间生长发育迅
速，对饲料的养分需要量要求变化
较大。同时，不同的养猪场、不同
的环境条件和不同猪群规模也对保
育期的长短要求不一致。因此，将
保育仔猪在同一场区内多点式饲养，
也成为一种新的多点式生产方式（图
2-33）。

图 2-31　改良的两点式

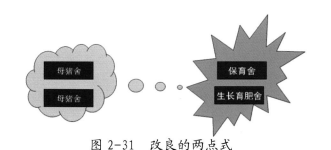

图 2-32　改良的三点式

（5）模式5：改良的三点式

在一些大型的养猪场，在繁殖群生产过程中，将"一产母猪"进行单独饲养，进行繁
殖群的多点式生产（图2-34）。

2. 阶段的划分

分阶段饲养的技术难点在于阶段的划分依据。在考虑到营养需求的差异性时，经常被
考虑的因素是日增重、饲料转化效率、胴体质量、瘦肉沉积效率以及氮和磷的排泄量等。
综合起来，主要的划分依据仍然是生理阶段、遗传基础和胴体品质。

（1）生理阶段

生理阶段是影响饲料利用效率、无脂瘦肉沉积率等衡量生产性能的主要因素。在商品
猪群生产中，20～50千克的猪只处于肌肉生长的高峰期，其实质就是机体内的蛋白质增
长迅速，因而需要大量氨基酸；随着猪年龄的增长，肌肉生长减慢，维持需要较大，养分

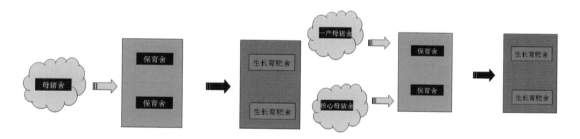

图 2-33　改良的三点式　　　　图 2-34　改良的三点式

需要量随之变化，对能量的需求变得越来越强烈。在繁殖猪群生产中，不同的妊娠阶段对饲料养分的需求量也发生很大的变化。在妊娠的前 80 天，胎儿及子宫内容物的养分需要量仅占临近分娩时胎儿及子宫内容物养分需要量的 1/3；但在后 1/3 妊娠期内，有 2/3 的胎儿及子宫内容物完成了发育任务。在后期，尤其需要蛋白质和矿物质的供应。

（2）遗传基础

遗传基础对不同阶段猪只的营养需要量影响较大。在大型晚熟品种中，肌肉的生长一直持续到 30 月龄，而我国的一些地方品种却在 8 月龄时就放慢了肌肉的生长速度。这些遗传基础的差异导致在制订不同阶段的营养调控时有着不同的策略。

（3）胴体品质

随着人们生活水平的不断提高，对猪肉的消费逐渐由"量"转向"质"，即口感风味、肌肉颜色等成为猪肉消费的主要影响因素。但口感风味、大理石花纹等感官性状与生长后期的脂肪沉积有着密切的关系。因此，胴体品质也是实施分阶段饲养的重要依据。

3. 调控策略的优化

（1）赖氨酸的添加量

赖氨酸作为玉米－豆粕型饲粮中的第一限制性氨基酸，是作为首要的调控优化因子来进行考虑的。在配制分阶段饲养的猪群所需要的饲粮时，对于赖氨酸的添加量要基于以下几点考虑。

①赖氨酸的添加量要与遗传基础、瘦肉的绝对生产量相适应；

②赖氨酸的添加量要适当考虑生猪市场的行情，以便获得最大的经济效益；

③赖氨酸的绝对添加量的单位是克／日或国际单位／日等，而不是百分数。

分阶段饲养的原理就是根据猪只的不同瘦肉生长效率而进行的氨基酸的优化供应。因此，在进行饲粮配制时，要充分考虑无脂瘦肉率的生长速度，进而合理配制赖氨酸与氨基酸之间、氨基酸与能量之间的平衡。由于我国小规模养猪生产者的大量存在，导致市场行情的波动较大。因此，为了获得最大的经济效益，还需要将市场行情的因素考虑进来，进行赖氨酸的优化添加。同时，还要考虑赖氨酸的添加形式，不要以"百分比"的形式来表明赖氨酸的摄入量，因为百分比的形式是以"预期采食量为基础"的。

（2）玉米－豆粕的添加量

分阶段饲养的饲粮配制可以由简单的改变玉米、豆粕等常规饲料原料在猪饲粮中的比例来实现；也可以通过改变维生素或矿物质的添加比例来实现。比如，在生长育肥的后期，每吨饲料中，可以用 20 千克玉米替代 20 千克大豆粕，将使饲粮的总赖氨酸水平降低 0.5%，而不用特殊地改变预混料或者单独添加的赖氨酸含量（表 2-8）。

表2-8 不同玉米与豆粕添加量对赖氨酸含量的影响

玉米（千克）	豆粕（千克）	预混料（千克）	赖氨酸（％）
717.5	250.0	32.5	0.90
737.5	230.0	32.5	0.85
757.5	210.0	32.5	0.80
777.5	190.0	32.5	0.75
795.0	172.5	32.5	0.70
812.5	155.0	32.5	0.65
832.5	135.0	32.5	0.60

（3）阶段的划分

阶段的划分需要根据猪场的实际情况，影响的因素主要是以下几点。

①饲料配方师的理解与技术能力；

②猪场工人的识别与应用能力；

③猪场的原料种类。

在很多情况下，分阶段，乃至分性别饲养已经是一种很成熟的技术，但应用起来，或者要取得理想的效果，涉及很多因素，且绝大部分与人力的因素密切相关。如生产现场的工人要能准确地掌握猪群的实际体重，计算一栋舍、一个圈内猪群的体重变化；负责配制饲粮的技术人员有能力对饲料原料的营养成分进行精确测试分析；同时，饲料厂和猪场的工人有能力区分不同种类的饲粮并合理而准确地饲喂给相对应的猪群。

理论上，每经过一个变化较明显的生理阶段，都伴随着一种新饲料的生产与供应。如果每周都改变饲料，那么从断奶到上市可以有 21 种之多的不同饲料。但实际上，只可以有 3 种生长饲料和 4 种育肥饲料；2 种妊娠期饲料；1 种哺乳期饲料。

另外，还有考虑到环境保护而采用的分阶段饲养。

三、成效与案例

邓志欢等对广西农垦系统的 25 个单位集约化猪场从 2002 ～ 2004 年的窝产活仔数、每头断奶仔猪耗料、全群死亡率和每头出栏商品猪药费等指标进行了分析。在同等条件下，三点式生产的主要技术经济指标明显好于其他类型的生产方式。为提高疾病控制和净化的效果，用 ELISA 或 PCR 法对种猪进行了全群检测。根据多点式生产单位的统计资料分析，三点式生产猪群发病率显著降低，可有效地控制或清除猪伪狂犬病、蓝耳病、布病、口蹄疫、链球菌病、细小病毒病和副猪嗜血杆菌病等，使猪群的死淘率显著降低。同时，由于猪群健康水平提高，饲料转化率也相应提高，充分发挥了猪体的生产潜力（表 2-9）。

表 2-9　2002 ～ 2004 年实施不同生产方式和疾病控制生产成本对比分析

类型	哺育成活率(%)	每头断奶仔猪耗料(千克)	保育猪料重比	育肥猪料重比	育肥猪月增重(千克)	全群死亡率(%)	每头母猪年提供商品猪数(头)	每头出栏商品猪药费(元)	达100千克日龄(天)
三点式	97.67	54.31	1.60	2.65	21.37	3.72	19.23	14.99	154
二点式	96.01	56.24	1.69	2.74	20.24	6.19	17.56	20.42	160
一点式	93.83	58.18	1.74	2.83	18.27	8.31	16.74	24.89	169
比二点式 增效(元)	44.27	88.55	102.05	275.31	193.23	95.22	412.49	100.46	27.60
比一点式	101.99	175.66	147.41	550.62	559.55	175.61	617.15	183.15	69.00

注：资料来源于《多点式生产与疾病控制效果分析》，邓志欢，吴志君等。养猪，2005，3：41 ～ 44

第六节 全进全出饲养工艺

一、工艺概述

(一) 什么是"全进全出"

"全进全出"从字面上可以理解为全部一起转入，一起转出。具体来说，"全进全出"是指生猪从出生开始到上市的整个过程中，养殖者通过预先的设计，按母猪的生理阶段及商品猪群不同生长时期，将其分为空怀、妊娠、分娩、保育、生长育肥等几个阶段，并把在同一时间段内处于同一繁殖阶段或者生长发育阶段的猪群，按流水式的生产工艺，将其全部从一种猪舍转至另一种猪舍，各阶段的猪群在相应的猪舍经过该阶段的饲养时间后，按工艺流程统一全部转到下一个阶段的猪舍，同一猪舍单元或猪舍只饲养同一批次的猪，实行同批同时进、同时出的管理制度，每个流程结束后，猪舍进行全封闭、彻底的清洁、消毒，待干燥后，再开始转进下一批次的猪只。"全进全出"有在小单元间进行的"单元式全进全出"，也有在整个猪舍间进行的"猪舍全进全出"，如母猪分娩哺乳阶段常采用"单元式全进全出"，育肥阶段常采用"猪舍全进全出"，但无论何种类型，都要求各阶段间要紧密结合，按计划、有节奏地进行。

在生产实践中，空怀、妊娠母猪在生产上要实行"全进全出"比较困难，目前，许多猪场还只能做到分娩哺乳、保育、育肥等几个阶段的"全进全出"。

(二) "全进全出" 饲养工艺特点

1. 疫病防控的有效手段

采用传统的饲养工艺，在猪舍内有猪的情况下，难以对猪舍进行彻底的清洗、消毒，在采用"全进全出"饲养工艺时，可将小单元舍或整栋猪舍内的猪全部转出去，再对该单元舍或整栋猪舍进行完全、彻底的清洗、消毒，从而减少猪群疾病在不同批次和不同猪群间的传播，减少发病率。

2. 提高生产效率的有效方式

"全进全出"饲养工艺，将同一批次、处于同一生长发育阶段的猪饲养在该阶段的饲养单元舍或猪舍内，有助于统一进行接种疫苗、驱虫、去势等日常工作，便于饲养员组织生产，减少饲养管理工作量，降低管理协调难度，提高生产效率。

3. 提高生产效益有效途径

采用"全进全出"饲养工艺，一方面在生猪的营养提供和环境调控上可体现差异化，可实现对不同阶段的猪实施更精细的饲养管理，达到提高生产效率的目的，另一方面该工艺减少了猪群疾病的发生，降低了药物费用，降低了生产成本，是提高猪场效益的有效途径。

（三）"全进全出"工艺流程

1.三阶段"全进全出"

三阶段"全进全出"饲养工艺包括空怀妊娠阶段、分娩哺乳阶段和生长肥育阶段。三阶段"全进全出"在阶段划分上比较粗，它常适用于规模较小的养猪场，其特点是流程简单、转群次数最少，猪舍类型相对较少，不足之处在于猪群的管理不够细，针对性不够强，不能将各阶段猪群的生产潜力充分发挥出来。

2.四阶段"全进全出"

四阶段"全进全出"饲养工艺是在三阶段饲养工艺中，将仔猪保育阶段独立出来。该流程将各阶段且处于同一繁殖节律的猪只，分别置于空怀妊娠猪舍、分娩哺乳猪舍、断奶仔猪培育舍和育肥猪舍内，进行"全进全出"的饲养管理。四阶段饲养工艺流程见图2-35。

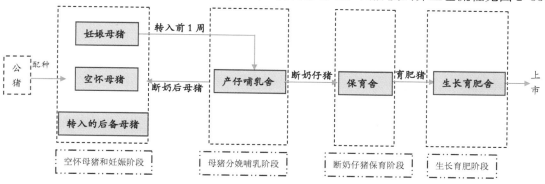

图 2-35 四阶段"全进全出"工艺流程

3.五阶段"全进全出"

五阶段"全进全出"饲养工艺有两种类型（图2-36、图2-37）。一是在四阶段的基础上，在保育阶段和育肥阶段中间增加育成阶段；二是在四阶段的基础上，把空怀待配母猪和妊娠母猪单独分开。五阶段"全进全出"工艺分别将各阶段且处于同一繁殖节律的猪只，分别置于相应猪舍的饲养单元内，进行"全进全出"管理饲养。两种工艺相比较，前一种能最大限度地满足生猪生长发育不同阶段对饲料营养、生长环境的不同需要，充分发挥其各阶段的生长潜力，提高养猪生长的后期效率。后一种工艺中把空怀待配母猪和妊娠母猪分

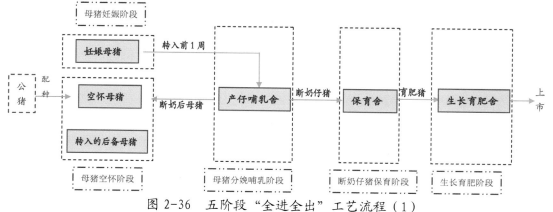

图 2-36 五阶段"全进全出"工艺流程（1）

开，单独组群，有利于断奶母猪断奶后恢复体况，易于集中发情鉴定与适时输精配种，提高繁殖率。与四阶段相比，五阶段的不足之处在于增加了转群次数，一方面饲养人员因转群增加了工作强度，另一方面，转群次数增加也造成了猪只产生应激反应的风险增加。

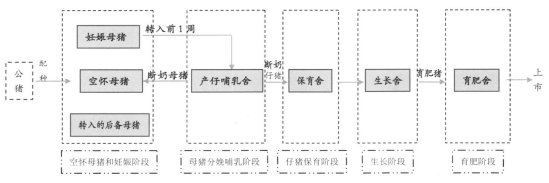

图 2-37　五阶段"全进全出"工艺流程（2）

4. 六阶段"全进全出"

六阶段"全进全出"饲养工艺可以理解为同时采用了五阶段饲养的两种工艺，在四阶段饲养流程的基础上，把空怀待配母猪与妊娠母猪区分开来，单独进行组群饲养，并同时在保育与育肥两个阶段中间增加一个育成阶段，一般幼猪在该阶段饲养体重达到 35 千克以后再转入大猪育肥阶段。六阶段饲养包括了五阶段饲养的两种工艺，集中了其优点，但同时，六阶段饲养也在五阶段饲养基础上增加了 1 次转群，养殖人员的劳动量、工作负担，猪只发生应激反应的风险也随之增大。六阶段饲养工艺流程见图 2-38。

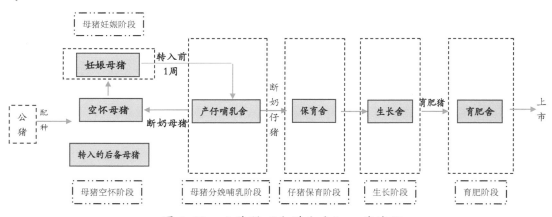

图 2-38　六阶段"全进全出"工艺流程

二、主要内容

"全进全出"工艺能否成功主要有两个关键点，一是猪场需要配备保证该工艺正常流转的足够的圈栏与猪舍。养殖业主在对比分析"全进全出"各种工艺流程的特点，并根据养殖场的技术、设备、人员、资金等自身条件选择适宜的工艺历程后，重点便是按规模、工艺确定需要的圈栏与猪舍，并以此为依据，修建猪舍，购置圈栏。二是在饲养过程中采用与"全进全出"相适应的饲养、管理技术。

（一）圈栏的计算

1. 确定猪场生产工艺参数

为了准确地计算场内各期生产群的猪数和存栏数，据此计算各猪舍所需栏位数、饲料需要量和产品数量，必须根据原有猪场或类似猪场的生产经验、猪群质量、场内生产力水平、技术水平、经营管理水平以及资金等，实事求是地确定生产工艺参数。常见的主要生产工艺参数见表2-10。

表 2-10　主要生产工艺参数（参考）

工艺指标	参数
发情周期	21 天
妊娠期	114 天
哺乳期	35 天
断奶至下次发情	7～14 天
母猪年产胎次	2.2 胎
母猪窝产仔数	10 头
母猪产活仔率	90%
哺乳仔猪的成活率	90%
保育猪的成活率	95%
生长肥育猪成活率	98%
配种分娩率	85%
母猪年更新率	30%
公：母比例	1：25
公猪年更新率	30%
圈舍冲洗消毒时间（天）	7 天

2. 选择繁殖节律

通常把组建各哺乳母猪群的时间间隔（天数）叫作繁殖节律。繁殖节律按间隔日数分为1、2、3、7或10天制，生产上普遍采用周（7天）为繁殖节律。按照选择确定的繁殖节律组织人员实施生产是合理利用猪舍，保障商品猪均衡生产的基础。如果不按一定繁殖节律，易造成猪舍设备利用浪费或不足，忙时产床不够，闲时产床得不到利用，不能形成流水式作业，影响商品猪的均衡生产、销售。

3. 计算猪群结构

猪群结构是指各类群的猪在全部猪群中所占的比例关系，猪群结构的计算以猪场设计规模为依据，其具体计算可参考如下方法。

①生产母猪数。

生产所需母猪数量的确定有两种方法，一种是通过年出栏商品猪的规模来确定，生产母猪数＝年出栏商品肉猪数÷生产母猪每年提供的商品猪数。其中，生产母猪每年提供的商品猪数＝每头生产母猪年产窝数×每窝平均产仔数×窝产活仔率×哺乳仔猪成活率×断奶仔猪成活率×全年育肥成活率；另外一种计算方法是对生产母猪数按100头、200头、300头、400头、500头、600头等不同的母猪规模，直接确定生产母猪规模。

在生产母猪数确定后，以此为基础，根据场内猪群构成规律，计算其他猪群的数量。以下计算以生产母猪数为600头规模计算。

②公猪头数＝生产母猪总数×公母比例
$$=600×1/25=24（头）$$

③后备母猪头数＝生产母猪总数×年更新率
$$=600×30\%=180（头）$$

④后备公猪头数＝公猪总数×年更新率
$$=24×30\%≈7（头）$$

⑤空怀配种母猪＝（总生产母猪数×年产胎次×空怀饲养天数）÷（365×受胎率）
$$=（600×2.2×35）÷（365×85\%）≈149（头）$$

其中，空怀饲养日期包括产后配种天数14天，配种观察天数21天。

⑥妊娠母猪头数＝（总生产母猪数×年产胎次×妊娠饲养天数）÷365
$$=（600×2.2×86）÷365≈311（头）$$

其中，妊娠饲养日期＝妊娠期（114）－配种观察天数（21）－提前转入分娩舍（7）=86（天）

⑦分娩哺乳母猪头数＝（总生产母猪数×年产胎次×母猪分娩哺乳饲养日期）÷365
$$=（600×2.2×35）÷365≈127（头）$$

其中，分娩哺乳饲养天数提前转入分娩舍天数（7天）+哺乳期天数（28天）=35（天）

⑧哺乳仔猪头数＝（总生产母猪数×年产胎次×窝产仔猪头数×窝产活仔率×哺乳成活率×仔猪哺乳饲养天数）÷365
$$=（600×2.2×10×0.9×0.9×35）÷365≈1025（头）$$

哺乳仔猪的计算需要考虑到整个哺乳期间仔猪的存活率，故计算所得哺乳仔猪头数是指断奶时的哺乳仔猪数，其中，仔猪哺乳饲养天数包括哺乳28天，以及断奶后饲养7天。

⑨保育仔猪头数＝（总生产母猪数×年产胎次×窝产仔猪头数×窝产活仔率×哺乳成活率×保育成活率×保育饲养天数）÷365
$$=（600×2.2×10×0.9×0.9×0.95×35）÷365≈974（头）$$

保育仔猪的计算需要考虑到整个保育期间仔猪的存活率，故计算所得保育仔猪头数是指保育结束时的保育仔猪数。

⑩生长育肥猪头数 =（总生产母猪数 × 年产胎次 × 窝产仔猪头数 × 窝产活仔率 × 哺乳成活率 × 保育成活率 × 育肥成活率 × 育肥饲养天数）÷365

$$=（600×2.2×10×0.9×0.9×0.95×0.98×110）÷365 ≈ 3000（头）$$

生长育肥猪的计算需要考虑到整个生长育肥期间的存活率，故计算所得生长育肥猪头数是指育肥结束时的数量（表 2-11）。

4. 计算猪群的群数和每群的头数

猪场各生产群的群数是按照各生产群的猪在每个工艺阶段的饲养日除以繁殖节律来计算的，在根据每个工艺阶段每猪群头数除以群数就可以得出每群的头数。计算公式为：

各阶段群数 = 各工艺阶段猪群饲养时间 ÷ 繁殖节律

每群头数 = 各工艺阶段猪群头数 ÷ 群数

表 2-11　万头猪场生产群结构（参考）

猪群	总头数	繁殖节律	饲养时间	群数	每群头数
公猪	24		365	1	24
后备公猪	7		182	1	7
后备母猪	180	7	28	4	45
空怀母猪	149	7	35	5	30
妊娠母猪	311	7	86	12	26
哺乳母猪	127	7	42	6	22
哺乳仔猪	1025	7	35	5	205
断奶仔猪	974	7	35	5	195
生长育肥猪	3000	7	110	16	188

5. 计算圈栏需要量

全进全出生产工艺能否顺利实施的关键在于各专门猪舍是否具备有足够的栏位数。在计算栏位数量时，需要根据繁殖节律和栏数的利用时间计算出各阶段栏位的单元数，再根据各个单元内饲喂该阶段猪的数量以及单个栏饲喂猪的数量来确定具体栏数。值得注意的是该栏的利用时间除去实际饲养日外，还要考虑猪舍的消毒、维修和机动时间内栏位的空闲时间。

公猪和后备公猪可作为一个生产群饲养在同一栋猪舍内，公猪实际占用栏位的时间为 365 天，一般公猪均是单独一栏，则饲养公猪和后备公猪共需要 31 个公猪栏（图 2-39、图 2-40）。

后备母猪平均占栏期为 28 天，加上 7 天的消毒干燥期，共计 35 天，则需要 5 个单元（35/7），每单元饲养后备母猪 45 头，若采用小群饲养，每群 5 头，则需要 9 个栏，5 个单元，需要 45 个后备母猪饲养圈栏。

图 2-39　公猪饲养栏（1）　　　　图 2-40　公猪饲养栏（2）

　　空怀母猪可先采用小群饲养。母猪断奶后，正常情况下一般在 7 日内发情，空怀母猪舍清洁、消毒、干燥 7 天，预留 14 日时间，空怀舍饲养栏设计利用时间合计 28 天，需要 4 个单元，每单元饲养 30 头，小群饲养，每群 10 头，则需要 3 个栏，4 个单元，需要 16 个空怀舍饲养栏（图 2-41、图 2-42）。

　　妊娠母猪在妊娠舍内采用单栏限位饲养，在该舍饲养约 107 天，猪舍清洁、消毒、干燥 7 天，预留 7 日，妊娠舍饲养栏设计利用时间合计 121 天，需要 19 个单元，每单元饲养妊娠母猪 26 头，单栏限位饲养，则需要 26 个栏，19 个单元，需要 494 个单栏限位栏。（图 2-43、图 2-44）

图 2-41　母猪空怀限位栏（1）　　　图 2-42　母猪空怀限位栏（2）

图 2-43　母猪妊娠栏（1）　　　　图 2-44　母猪妊娠栏（2）

分娩哺乳母猪舍内猪栏利用间期包括哺乳期 28 天，仔猪断奶后一般会在分娩舍再待 7 天、清洗及消毒 7 天，提前接纳分娩母猪 7 天，备用 7 天，分娩哺乳舍通常采用个体限位分娩栏饲养，分娩舍限位分娩栏设计利用时间合计 56 天，需要 8 个单元，每单元饲养 22 头，则需要 22 个栏，8 个单元，需要 176 个限位分娩栏。哺乳仔猪与哺乳母猪占用栏位时间相同，该阶段共同使用限位分娩栏（图 2-45、图 2-46）。

图 2-45　母猪分娩哺乳栏（1）　　　　图 2-46　母猪分娩哺乳栏（2）

仔猪断奶后转到保育舍，在这里饲养 35 天后，需消毒、干燥 7 天，备用 7 天，保育舍饲养栏设计利用时间合计 49 天，需要 7 个单元，每单元饲养 195 头，目前常采用高床栏圈饲养每个高床栏圈饲养 20 头，则需要 10 个高床栏圈，7 个单元，需要 70 个高床栏圈（图 2-47、图 2-48）。

图 2-47　保育舍（1）　　　　　　　图 2-48　保育舍（2）

生长阶段的猪在育肥舍内饲养约 110 天，此外还需清洗消毒、干燥 7 天时间，考虑个体生长以及市场等原因，还需增加 14 天左右的备用期，育肥栏设计利用时间合计 131 天，需要 19 个单元，每单元饲养育肥猪 188 头，若采用小群饲养，每群 15 头，则需要 13 个栏，19 个单元，需要 247 个育肥圈栏（图 2-49、图 2-50）。

图 2-49　育肥舍（1）　　　　　图 2-50　育肥舍（2）

万头猪场各类猪栏计算结果见表 2-12。

表 2-12　万头商品猪场各类猪栏需要量（参考）

猪群	栏位占用时间（天）	节律	单元数	栏圈数
种公猪	365		1	31
后备母猪	35	7	5	45
空怀母猪	28	7	4	16
妊娠母猪	121	7	19	494
哺乳母猪	56	7	8	176
断奶仔猪	49	7	7	70
生长育肥猪	131	7	19	247

6. 猪舍的设计

圈舍的设计除考虑常规猪舍设计因素，如每头猪的占栏面积、通道宽度、每圈饲养头数等因素外，还需考虑到圈舍要便于全进全出转群的需求，根据猪场规模计算出的各阶段猪群所需单元数，设计修建进行全进全出的猪舍。

在实行"全进全出"饲养工艺时，引猪时需要特别注意采用分期分批引进方式。通常要分 3 批或者 3 批以上的次数进行引猪，一般每 2 个月引一批，每批最好有不同的日龄阶段的猪群，各阶段猪群日龄相差 7 天左右为宜。

（二）"全进全出"管理要点与关键技术

1. 饲养管理特点

（1）母猪空怀、配种阶段

多数饲养场通常空怀母猪、后备母猪规划在同一舍内饲养。"全进全出"生产工艺养猪实现了生产母猪均衡配种和产仔，按计划有节律的生产、育肥、上市，这就要求在各个繁殖节律内按计划，有一定数量的生产母猪发情并成功配种妊娠。如果配种数量不足或过多，都将会造成整个流水式生产工艺流程的混乱，打乱生产计划，降低生产效率，给生产造成损失。因此，在计划的每个繁殖节律内需要有计划数量的母猪同期发情、配种、产仔，才能对整个生产进行有效的控制。因此，该阶段的饲养管理要以保证分娩母猪断奶后及时并同期发情、提高发情配种母猪的受胎率为重点，并在饲料营养调配、环境条件控制、疾病防疫防控等方面加强饲养管理（图 2-51、图 2-52）。

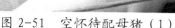

图 2-51　空怀待配母猪（1）　　　　图 2-52　空怀待配母猪（2）

（2）母猪妊娠阶段

妊娠母猪通常会在妊娠母猪舍内采用定位栏进行单独饲养，在临产前 1 周才转入产房待产。妊娠母猪良好的体况是保障母猪正常分娩产仔、哺乳的重要保证，母猪过瘦、过肥都对其繁殖性能有影响，该阶段需通过科学的饲养管理，包括合理的营养、适当运动等确保母猪分娩时保持良好的体况。此外，该阶段妊娠母猪的饲料要特别注意讲究卫生和保证质量，严禁饲喂霉变、冰冻、带毒和强刺激性的饲料，在炎热的夏季要做好防暑降温，冬天要防寒、防贼风侵袭。临产前 1 周的妊娠母猪转入分娩舍，饲养人员需要做好临产前的准备（图 2-53、图 2-54）。

（3）母猪分娩哺乳阶段

母猪按预产期转入分娩舍产仔，在分娩舍内一般待 5 周（临产 1 周，哺乳 4 周，仔猪平均 28 天断奶，有的猪场生产技术水平较高的可以采用早期断奶平均 21 天左右）。该阶段的饲养主要包括两个方面，一是产后母猪的饲养管理。产后母猪需要及时进行产后护理，清除胎衣、污物，清洗母猪阴部及后躯，加强产后疾病的防治，此外，要进行科学的饲养，前期母猪产后虚弱，要控制饲喂量，待逐渐恢复后，要加强营养保证哺乳期的奶汁充足。二是哺乳仔猪的饲养管理。哺乳仔猪具有生产发育快，物质代谢旺盛；消化器官不发达，机能不完善；缺乏先天免疫力，容易患病；调节体温能力差等生理特点，这些决定了乳仔猪是猪场饲养的难点，良好的环境条件，保温、干燥、无贼风是产房环境管理的基本要求，此外，还需加强防贫血、防拉稀、抓开食等饲养管理细节，精细的管理是决定哺乳仔猪的成活率的关键。

图 2-53　妊娠母猪（1）　　　　　图 2-54　妊娠母猪（2）

（4）幼猪保育阶段

一般断奶 7 天后根据仔猪强弱进行分群、平均两窝仔猪并一栏，转入仔猪保育舍，一般仔猪在保育舍饲养至 70 日龄。仔猪在该阶段主要采取小单元式饲养，保育阶段仔猪的管理主要注意环境、饲养、卫生防疫等几个主要方面。一是仔猪对环境特别是温度和湿度很敏感，环境的改变很容易引起应激反应，温度的过高、过低，都可能诱发仔猪疾病，造成死亡，适宜的恒温保暖是保育仔猪生长发育的关键，所以该阶段需要加强环境控制。夏季防暑降温，预防中暑、冬季保温、通风、保持猪舍空气新鲜。此外，适宜的湿度对仔猪生长发育也很重要，特别是湿度过高时，容易引起细菌大量繁殖进而引发仔猪的疾病。二是在饲养方面要注重饲养方法并抓好饲养管理。刚断奶仔猪消化系统发育还不健全，对饲料敏感度较强，饲料采食需有一个逐步适应的过渡过程，特别需要加强对饲料是否变质的检查；三是保育舍内应定期清洗消毒，并轮换使用消毒剂，根据猪场的实际，制订科学、合理的免疫程序及免疫计划，并适时免疫，发现病猪及时隔离治疗。

饲养人员要注意保持保育舍内清洁卫生，加强仔猪的饮食、饮水、粪便、精神状态等体况观察，做好免疫卡、消毒、驱虫、治疗、转群等生产记录情况。

（5）生长育肥阶段

在进猪前、生长育肥舍应进行维修和彻底的冲洗、消毒，待生长育肥舍清洁干燥后方可进猪。饲养阶段生长育肥舍需保持舍内清洁、干燥通风、饮水充足卫生，冬天需注意防寒保暖，通风换气，夏天需注意降温防暑。此阶段需要经常观察猪群的采食、发育的情况，若发现病情应及时进行隔离治疗，并根据生长体况和市场价格及时调整饲料配方，适时出栏（图 2-55、图 2-56）。

图 2-55　生长育肥猪　　　　　图 2-56　生长育肥猪

2.关键技术

（1）同期发情

为了做到一个单元内猪群在1周内集中产仔、全进全出，必须使一定数量的待配母猪集中发情配种。生产中控制母猪同期发情主要通过控制母猪断奶时间来实现，母猪的断奶时间有较大的变动范围，仔猪的断奶日龄可在3～5周龄，这样就可能使一组产仔相差1～2周的母猪在相同的时间内断奶。母猪断奶后一般在3～7天相继发情。此外，通过激素处理也可达到母猪同期发情的目的（图2-57、图2-58）。

图2-57 发情母猪舍

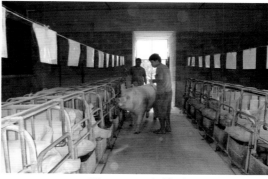
图2-58 发情鉴定

（2）人工授精

人工授精技术一方面可以减轻母猪发情集中时的配种工作量，确保同期发情母猪能适时配种，另一方面，人工授精技术还可减少公猪饲养数量，减少疾病传播，提高受胎率。目前猪场多采用鲜精输精，根据生产工艺确定的每个繁殖节律的配种计划，采集公猪精液，并根据精子密度计算稀释倍数，稀释后进行人工授精（图2-59）。人工授精所用精液剂量要求为80～100毫升，且稀释后每剂量精液中含直线运动精子数大于25亿（地方品种大于10亿），稀释精液活力大于60%，精子畸形率小于20%。

图2-59 猪精液检查

（3）超声波妊娠检查

一般母猪配种后经过一个发情周期后不再有发情表现时，可基本判断为该母猪已经妊娠，但母猪配种后不再发情的原因较多，不发情并不能完全肯定为已受孕，检查母猪是否妊娠的方法很多，目前主要是通过超声波仪进行快速的妊娠诊断，通过超声仪扫描得到的图像，判断是否妊娠（图 2-60）。

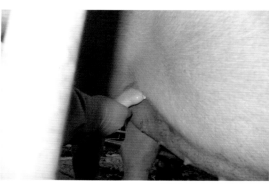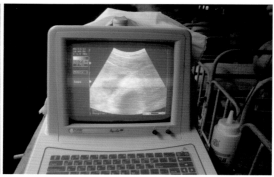

图 2-60　妊娠超声检查

（4）圈舍彻底消毒

"全进全出"饲养工艺的一个主要优点在于能对猪舍进行彻底的清洗消毒，能有效地切断病菌在猪群不同批次间的传播，有效减少疫病的发生。圈舍的彻底消毒，一般包括圈舍清扫、洗净、消毒、干燥、再消毒、再干燥等步骤，并根据猪场及周边疫病情况，选择不同的消毒液、消毒方式与消毒程序，对猪舍进行全方位的彻底消毒（图 2-61、图 2-62）。

图 2-61　猪舍消毒（1）　　　　　　　　图 2-62　猪舍消毒（2）

三、成效与案例

（一）案例

重庆市荣大种猪场种猪发展有限公司，在重庆市潼南县柏梓镇建设的渝荣 1 号配套系原种猪场。该猪场占地面积为 67724.3 平方米，现存栏种母猪 1137 头，年提供后备种猪 7000 头，年提供商品仔猪 15000 头，共计 17 栋猪舍。

该场以生产种猪为主，场内按其生产工艺将母猪分为母猪空怀阶段、母猪妊娠阶段、分娩哺乳阶段，将仔猪分为保育阶段和后备阶段，各阶段的猪分别置于相应的猪舍内饲养，采用"全进全出"饲养工艺，按周为繁殖节律，待同一批猪转出以后进行彻底的清洗、消毒，干燥后转入另一批猪。

该场的主要生产工艺如图 2-63。

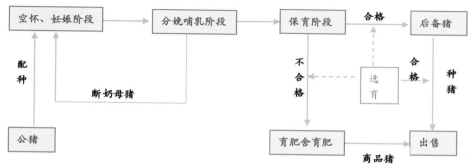

图 2-63　生产工艺图

在该工艺中，妊娠母猪在妊娠舍内饲养 86 天，在分娩前 7 天，按顺序转入分娩产仔舍，母猪分娩产仔舍内实行母猪分娩产仔小单元与分娩猪舍整栋的全进全出饲养管理；断奶后仔猪转入保育舍，保育舍与产仔舍工艺相同，也实施保育小单元与保育猪舍的整栋全进全出工艺；保育后的小猪则根据选育的结果分别转入后备种猪舍和育肥猪舍，其中后备种猪舍实行单栋猪舍的全进全出工艺。

（二）实施成效

渝荣 1 号配套系原种猪场采用"单元式全进全出"生产工艺，在提高繁殖效率、疫病防控、生产效率方面都取得了很好的效果。在目前疾病环境极其复杂的条件下，采用该工艺使猪群健康得到了有力保障，哺乳仔猪成活率较常规饲养有所提高，达到 90% 以上，降低了仔猪腹泻、痢疾等疾病发生率，哺乳仔猪的成活率达到 92% 以上，保育猪的成活率在 95% 以上，生长肥育猪（后备种猪）成活率在 98% 以上。

第三章 设施化养猪技术

第一节 规模猪场自动饲喂与设施配套技术

一、技术概述

近年来，随着规模猪场的大量兴起及饲养工人的严重短缺，自动喂料系统已被猪场广泛应用，得到了广大猪场的认可，特别是规模猪场全自动饲喂系统。其工作原理是三相交流电机的带刮板式链条通过软管，将干饲料或者液体饲料［将固体的饲料原料经精确混合搅拌，一般干物质含量为20%～40%不等，水与饲料的比例为（2.8～3.5):1]，从料罐（在计算机的控制下）输送到猪舍料线管道，从猪只采食的食槽上面经过，在每一个食槽位置，留有一个三通下料口，饲料在链条的带动下刮到食槽中，它可以自动将料罐中饲料输送到猪只采食料槽中，该系统可以通过人工设置时间，实现目标时间段供料。运到猪场的散装饲料先存放在群仓体（相当于包装料仓库），根据生产需要，由场内车辆运送到各生产线的料塔。当喂猪时，工作人员只需开启喂料开关控件，饲料即由料塔通过输料管依次进入舍内每头猪的料筒、料槽，喂料量可以根据每头猪的不同食用量进行调节。与传统养殖模式中的人工装卸料、喂料相比，全自动喂料大大降低了员工劳动强度，减少饲料的浪费，提高了喂料量的准确性；由于能够在短时间内快速、统一地喂料，也降低了猪群的应激性。

二、主要内容

（一）自动喂料系统设备构成及工作要点

猪场自动喂料系统主要由控制系统、储料系统、驱动系统、整体转角、管线、下料口、自动落料系统、配量器等部分组成。下面就几个主要设备构成分述如下。

1. 饲料运输车（图3-1）

图3-1 饲料专用运输车工作示意图

饲料加工厂生产的全价配合饲料由专用运输车送到猪场，卸到贮料塔（散装料）或仓库中，卸料机亦有机械和气流输送式 2 种。

2. 控制系统（图 3-2）

图 3-2 电脑控制扳

3. 混合罐（图 3-3）

图 3-3 液体饲料混合罐

4. 储料塔（图 3-4、图 3-5）

由料仓、顶盖、支腿、底部落料口及开关组成。储料塔分为玻璃钢储料塔和镀锌板储料塔 2 种。玻璃钢储料塔因其热传导系数低，隔热，不结露，不生锈等优点最近成为新宠；传统的镀锌板储料塔因其夏季高温，冬季结露，施工过程中打孔的部位腐蚀而逐步退出市场。

图 3-4 储料塔　　图 3-5 自动喂料系统外景

5. 驱动系统（图 3-6）

由驱动电机、PVC 绞盘、双重保护装置组成。根据所供料的距离长短，电机功率为

1P、1.5P、2P 三种（1P ≈ 735 瓦）。双重保护装置能有效保护整套装置在驱动受阻或者其他意外情况发生时，及时切断电源，保护整套设备（图 3-6）。

图 3-6　驱动系统

6. 饲料传送系统

饲料传送系统方式有绞龙传送和赛盘传送 2 种。绞龙传送速度慢，距离短，一但绞龙断裂只能更换绞龙，维修成本高，但价格低；赛盘传送速度快，距离长，维修方便，赛盘又分链条和钢丝绳 2 种，链条的重量重，容易断，钢丝绳的把上述缺点克服了，得到了广泛的应用。

（1）液体饲料（图 3-7、图 3-8）

图 3-7　液体饲料分送系统　　　图 3-8　液体饲料饲喂舍内景

（2）干饲料（图 3-9 至图 3-11）

现在市面上的干饲料传送系统有尼龙的、钢板的、铸铝的几种，尼龙的因其强度不够，逐步退出。

7. 落料装置

组成：由落料体、闸盒、放料球、配重、落料管等组成。根据饲养不同猪的品种，落料器的选择也不同，落料器既可以全部同时落料，也可以关闭某几个落料器，而其他的落料器不受影响（图 3-12 至图 3-14）。

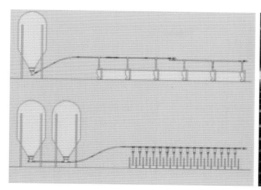

图 3-9 干饲料传送工艺图

图 3-10 干饲料传送系统舍内景

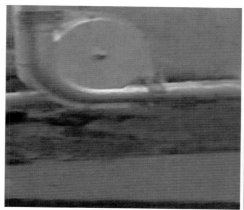

图 3-11 干饲料传送示意图

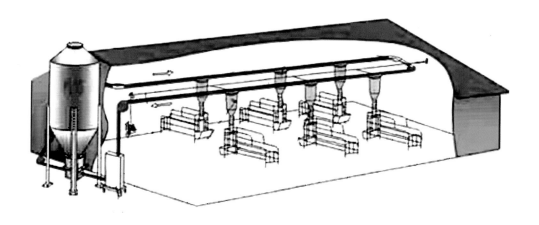

图 3-12 自动饲喂舍内示意图

图 3-13　自动饲喂舍饲料传送安装示意图

（二）母猪自动化饲喂系统

全自动母猪饲喂系统称为 TEAM 系统，即 Total Electronic Animal Management（全电子动物管理系统）。TEAM 系统的主要用于怀孕母猪的饲养和管理。

TEAM 全自动母猪饲喂系统的工作原理是：每50～60头怀孕母猪圈养在一个90～100平方米大栏中，根据饲养规模，每栏可以是同一批配种的怀孕母猪，也可以是不同日期配种的怀孕母猪进行混合饲养。自动饲喂站通过母猪佩戴的电子耳牌对母猪个体进行识别和区分，并根据每头母猪的怀孕日程和体况，结合天气温度自动计算出母猪每天应采食的饲料定额并投放相应的饲料量给该母猪。母猪采食完自己当天的饲料定额后，即

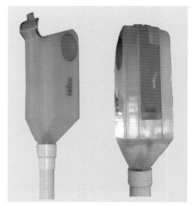
图 3-14　定量落料器

使再进入饲喂站，饲喂站不会再投放饲料给它，从而达到控制怀孕母猪采食量和保持母猪体况的目的。

1. 同步落料系统

将饲料由散装储料桶输送到猪栏上方的定量饲料储存器内，当到了所设定的饲喂时间，饲料便由上方容器同时落入饲料槽。饲料落下后，散装储料桶的饲料又会自动填满猪栏上方的饲料储存器，等待下次的落料。

2. 缓慢落料系统

将饲料由散装储料桶输送到猪栏上方的定量饲料储存器内，到了预定时间，饲料储存器下方的另一饲料输送管，以最慢的速度（猪群中采食最慢母猪速度）将饲料下到饲槽。此系统能够使一些采食较慢的个体从容地吃完落下的饲料，对于那些吃得快的个体，经过几次寻找其他料槽是否仍有多余的饲料，但找不着后，就会落料时习惯地固定在同一料槽采食。

3. 电子辨识饲喂系统（精确饲喂系统）

饲料由散装饲料桶输送到饲喂站的盛料漏斗，一个饲喂站约饲养 40 头以上的母猪。当带有识别器的母猪将后门打开并站立在接受器前时，接受器将感应讯号传到后门及计算机，将后门关上，不允许其他母猪进入；同时由传到计算机的讯号可立即查知该母猪是否吃完该时段的配额，如果没有吃完的话，则自动落料器会以 100 克／次的量落料，并给予至少 2 分钟以上的采食时间，当它继续吃料时，由在设定时间内再次落料 100 克，直到吃完此时段的定额。如果它不吃，约隔 2 分钟，饲料槽会转向，可由前门走出；如它不走出饲喂站，由于站内设有高出地面的铁管不允许猪躺下，因此，它不能久在里面，再加上后门的开关会自动打开让另一头猪进来，会把它挤出去。母猪自动饲养管理系统为每头母猪提供了一个无线射频耳标（图 3-15）。通过系统的传感器对无线射频耳标的识别，精确饲喂系统可迅速调用相应档案信息（耳牌号、背膘、妊娠期等），从而正确决定一天投料量，同时给予适当的饮水，保证母猪的理想体型（图 3-16）。

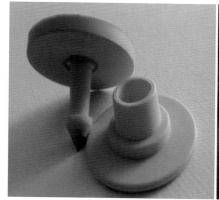 

图 3-15　无线射频耳标　　图 3-16　种猪自动喂料测定系统

4. 自动饲喂系统（图 3-17、图 3-18）

图 3-17　干料自动饲喂舍内示意图　图 3-18　液体料自动饲喂舍内示意图

三、成功案例

渝州生态农业有限责任公司种猪场

1. 公司简介

江西省新余市渝州生态农业有限责任公司坐落于新余市渝水区罗坊镇沙滩村，创办于2005年，注册资金600万元，总资产6000万元。2012年公司存栏法系纯种母猪1600头，年销售种猪1万余头，出栏优质商品猪18000余头，销售总收入达5000余万元，创利润650万元。

2. 全自动饲喂系统技术工艺

渝州生态农业有限责任公司种猪场采用大荷兰人公司生产的自动送料系统，安装了五栋育肥猪舍（存栏猪3000头）、两栋定位栏母猪舍（存栏母猪819头）、一栋分娩母猪舍（350个床位）。全自动温控系统和通风系统,确保猪场栏舍最适宜的环境,利用水泡粪技术,发展循环农业,实现"猪-沼-果"有机结合的生态养殖模式。

3. 自动喂料系统效益分析 （图3-19）

（1）自动化喂料系统的有形效益

①减少饲养人员、降低人力成本：降低人工装、搬、拆劳动力成本。初步估算每吨饲料可节省此3项费用4元。人工喂料每人可饲养育肥猪300～350头或饲养母猪200头，自动喂料每人可养肥猪600～700头或饲养母猪250头，减少劳动强度90%以上，万头猪场约节省饲养员8人，每年减少开支约20万元（人均每月工资福利按2100元计）

②节省饲料损耗：封闭式下料设计，有效减少老鼠、苍蝇等偷吃和污染饲料，按照微损耗，鼠害的损耗0.5%计算，每吨饲料可减损5元，自动送料系统彻底避免饲料包装袋进猪舍后交叉感染猪群的危险。每吨饲料可节省编织袋成本15元。

（2）猪场自动化送料系统的无形效益

图3-19　母猪自动喂料系统

①定量筒喂饲母猪食量控制精准、有效地控制了怀孕母猪膘情产仔率提高、降低流产率。提高母猪怀孕周转率、减少存栏淘汰率。定量筒喂饲母猪过程安静、减少应激、流产、再发情、器械损伤。喂饲母猪过程噪音减少、配量器带有单个母猪加药孔，方便个别母猪保健和治疗用药。

②保育猪及育成猪配合自动自由采食可提前 10 ～ 15 天出栏，降低成本。

(3) 猪场投资自动化喂料系统效益

通过八栋猪舍节约成本推算，如果 1600 头种猪场全面利用自动送料系统，母猪妊娠舍单元从饲料袋成本、人工成本、增加产仔率等方面每年可增加收益约 25 万多元。保育舍单元从饲料袋成本、人工成本每年可节省 15 万元。肥猪舍单元从饲料袋成本、人工成本每年可节省 30 万元。

第二节 智能化猪舍设计技术

一、技术概述

智能化养猪是现代养猪业重要的特征之一，充分利用现代科技成果和设施，以动物福利、环保、低碳观念为指导，实现饲养管理标准化和自动化，大幅度提高养猪生产水平和效率，增加养猪业的科技含量，以科技促进产业发展。欧美地区的一些国家母猪年提供商品猪 24～30 头，部分甚至可达 30 头以上，而目前我国母猪年生产水平只有 14～16 头，差距十分明显。造成这一差距的原因有多种，其中，智能化和设施化养猪模式的应用是重要的原因之一。目前，在全球范围内，推广应用比较成熟和广泛的创新模式有智能化妊娠母猪饲养管理系统、智能化哺乳母猪饲养管理系统、智能化保育仔猪饲养管理系统和数字化肥猪饲养管理系统。

二、主要内容

（一）妊娠母猪智能化猪舍设计

妊娠母猪智能化饲养管理系统（图 3-20）主要采用无线射频识别技术（Radio Frequency Identification, RFID）对母猪饲料采食、发情状况等信息进行识别，通过饲料塔、饲料输送系统、电子耳标、饲喂站、测情系统等实现母猪饲养精细化、管理自动化和动物福利化等，既可以减少饲料浪费，又可以降低劳动强度，还可以减少应激，满足猪只动物福利的需求。

智能化母猪群养可以采取动态和静态模式两种，动态模式一般适合 800 头以下母猪群，静态群养适合 1000 头以上母猪群。一般智能化母猪舍每头母猪占地面积 2.3～2.5 平方米，

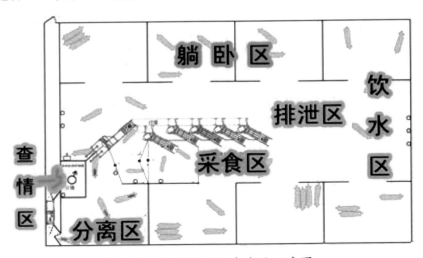

图 3-20 智能化母猪舍布局示意图

根据不同公司的产品型号不同，每台饲喂站可容纳 50～75 头母猪。圈舍分采食区、饮水区、躺卧区、排泄区、查情区、分离区。排粪区、饮水区、查情区和分离区，猪都会排尿，因此，地面应设置为漏缝地面，躺卧区采用水泥地面，躺卧区之间有隔墙隔开。漏缝地板漏缝宽 2～2.5 厘米，实心地板区域 10～12 厘米，要求地面平整而不光滑，无裂孔或缝隙。北方可采用高度为 0.9～1.2 米全砖墙隔栏，南方采用砖墙（0.2 米）+ 钢管（0.7～1.0 米）作为隔栏，以增加空气流通。猪舍配备动力风机或换气扇换气，南方可加装水帘降温。

（二）智能化母猪产房设计

智能化母猪产房饲养管理系统是利用电脑软硬件和无线技术对母猪进行饲养和管理，主要通过位于母猪采食饲槽底部的电子触发器控制母猪的采食量。系统根据母猪胎次、体况、分娩情况等因素进行投料，但饲料并没有直接投到母猪食槽中，当母猪想要进食时，会条件反射地拱动电子触发器，电子触头将信号传递到饲喂器的控制模块，模块根据系统软件的指令开启投料绞龙进行投料，从而实现分时间段的准确投料，每天每头母猪都由系统进行饲喂管理并把实际采食量进行统计后在程序主窗口以红、黄、绿或白色标示其采食情况。增料或减料的操作可以在软件上进行操作，也可以在产房中的饲喂器的控制面板上操作，从而使管理工作更方便。此外，这种产床与传统的产床不一样，采用这种产床可以让母猪自主进入产床，而不是被饲养人员推进去。产床的保护栏杆高度可以随乳猪的生长随时调整，这样可以给乳猪更多的活动空间（图 3-21）。智能化母猪产仔舍与普通母猪产仔猪舍设计和建筑差异不大，可采用小单元设计，每个单元产床数取决于猪群规模，100 个产床需要一个料塔。猪舍配备动力风机或换气扇换气，安装畜用空调或供暖系统保温。

图 3-21 母猪智能化产仔舍图

（三）智能化保育猪舍设计

智能化仔猪保育系统是利用电脑软硬件和无线技术对仔猪进行饲养管理。对于单个猪只或者猪群的采食量进行分时段的准确投给。智能化仔猪保育猪舍与普通规模养殖的保育舍的设计和建设差异不大，可采用小单元设计，每个单元保育栏位数取决于猪群规模，每栏可以保育1窝或多窝群养，通过自动供料系统实现自动饲喂，猪舍配备动力风机或换气扇换气，安装畜用空调或供暖系统保温。该系统通过对仔猪采食量的精确控制可有效降低饲料消耗、提高生产成绩、降低劳动强度。

（四）智能化肥猪舍设计

该系统利用计算机和无线射频技术，将数字化引入肥猪饲养及管理过程系统。通过分选器，在猪只无应激的情况下称重并根据体重决定其采食区域，不同的区域投放不同营养含量的饲料，从而实现分体重的精确饲喂，实现按照体重分类饲喂，从而最大化的提高其生长速度，缩短生长周期。智能化肥猪舍与普通肥猪舍差异不大，每头猪占地1平方米，采用大圈群养，群体规模根据猪场规模确定，自动供料系统，采用自动饲喂，每套设备存栏500头规模。可采取封闭式或开放式设计，封闭式猪舍配备动力风机或换气扇换气，开放式设计猪舍配备帆布卷帘。

三、成效与案例

（一）成效

根据体重大小，实现分类饲养，提高饲料利用率，缩短出栏时间，提高群体的整齐度，具体表现如下。

1. 分类饲养

系统凭借其功能强大的分选器系统，可在猪只无应激的情况下称重并根据体重决定其采食区域，不同的区域投放不同营养含量的饲料，从而实现分体重的精确饲喂，一方面可以提高饲料的饲喂效率，另一方面，针对生长猪体重供给适合的饲料可以为猪只提供其所需要的全部营养且无浪费，从而最大化地提高其生长速度，缩短生长周期。

2. 提高饲料利用率

根据体重决定其采食区域，不同的区域投放不同营养含量的饲料，从而实现分体重的精确饲喂，减少饲料浪费。

3. 提高整齐度

分选器可在通过其中的称重猪只达到出栏体重后自动将其分选到相应区域，进入该区域的猪只体重相近均匀，提高群体的整齐度。

（二）案例

四川省泸州市中裕牧业公司位于四川省泸州市龙马潭区石洞镇，猪场占地约 7.33 公顷，现存栏各类种猪新美系长白、大约克、杜洛克原种母猪 1000 头，二杂母猪 500 头，年提供优质种猪 8000 头，商品肉猪 12000 头。2009 年该公司引进妊娠母猪智能化饲养管理系统，通过近 3 年的使用，母猪年产胎次、配种分娩率、仔猪成活率、每头母猪年提供仔猪数等主要指标均得到大幅度的改善和提高，特别是母猪年提供仔猪数较传统规模养殖增加 8.7 头，达到国外先进水平，目前该场的生产经营状况良好。

广西金德农牧有限责任公司存栏 2400 头的新美系原种猪场，年可向社会提供 2 万头新美系原种猪和优质新美系猪精液 15 万份。自 2009 年 6 月引进该技术以来，母猪受胎分娩率达 95%、平均窝产活仔数达 11.6 头、达 100 千克的杜洛克／大约克／长白日龄分别为 140 天／151 天／157 天。

江西五丰牧业有限公司位于江西省定南县天九镇羊角，公司占地 20 公顷，集生猪养殖、饲料生产、肉品加工、仓储和运输于一体，年出栏近 10 万头。2010 年公司从加拿大引进"格式塔"智能化产房母猪饲养管理系统，通过 30 头母猪的对比，母猪的主要生产性能均有大幅度提高。

第四章 生态健康高效养猪技术模式

第一节 标准化养猪"150"模式

一、技术概述

标准化养猪"150"模式是指建1栋全封闭式标准猪舍（规格为9米×24米），进行标准化饲养，每批出栏肉猪150头。它是将"良种＋良舍＋良料＋良法"四大要素整合配套，采用保温隔热材料、湿帘降温、负压通风、自由采食、沼气配套、同源引种、全进全出的一种标准化养殖模式，具有栏舍冬暖夏凉，便于疫病控制，节省劳力和经济效益好等优点，彻底解决了传统养殖模式存在的"冬天冷、夏天热、温差大，通风困难、氨气重，环境污染严重"的三大难题，是切合农村实际的中小型规模化养猪新模式。

标准化养猪"150"模式与传统养殖模式相比，提高了生产水平，缩短了生猪饲养周期，采用该模式饲养，平均每批生猪可提前出栏20天以上，一年可养3批，每头可节本增效100元以上。适合中小养殖户采用，能够实现效益最大化。

二、主要内容

（一）猪舍建设

1.标准化养猪"150"模式猪舍设施特点

①猪舍采用封闭式的建筑，人工控制环境。猪舍安装换气扇，定时控制纵向通风，降低猪舍内氨气浓度，保障全过程内温度、湿度达到猪生理要求。

②猪舍四周墙体及房顶、地面采用保温隔热材料，使猪舍温度保持在恒定范围内。

③地面采用地下火道供暖（纵向供暖），既降低了猪舍取暖成本，又使猪只休息的地面达到一定温度。

④自动料斗供料，减轻了劳动强度，又使猪只采食均匀。

⑤戏水池（猪厕所）的建立，不但有利于猪只的清洁卫生，也降低了猪舍氨气浓度，减轻了劳动强度。

⑥封闭式的饲养管理及先进的消毒设施，有效杜绝外来病原的侵入。

2.选址

养猪"150"模式猪舍选址应远离水源、村庄，符合GB/T 17824.1-2008和NY/T 1568-2007规定。饮用水水质应达到NY 5027-2008的规定。

3.猪舍设计

猪舍长24000毫米，宽9000毫米，进门处留3000毫米×9000毫米的操作间。沿猪舍长轴方向一侧设置宽900毫米走道。共设猪栏6间，每间猪栏宽3500毫米，长8100毫米（图 4-1 至图 4-3）。

4. 猪舍建筑

① 地下基础及地面。

地基为 2:8 或 3:7 灰土 150 毫米夯实或平铺 60 毫米厚砖，上铺 1:2.5 或 1:3 水泥砂浆 20 毫米，表面粗糙。

② 墙体。

标高水平以下以两层 50 墙为基础，上加三层 37 墙至水平墙面，水平面以上纵墙高 2.2 米，两边山墙中心高 3.7 厘米。纵墙为 30 保温墙。

保温墙做法：由内到外依次为 1:2 砂浆 10 毫米内粉，120 毫米砖墙作内墙，50 毫米保温材料（低密度 10 千克／立方米聚苯板，7 立方米），120 毫米砖墙作外墙。

外墙面为清水面墙加浆勾缝，1:2 水泥沙浆粉脚 500 毫米高。

窗户高度距水平面 1000 毫米，框高 700 ～ 800 毫米，宽 1000 ～ 1200 毫米。向内斜开，窗扇两边加挡风隔板并有密封条。

③ 屋顶。

采用钢架屋架或木材"人字梁"，根据选用材料适当增加支柱。

屋顶由下至上为屋架、檩条、无滴薄膜、错开布置的两层 30 毫米聚苯板（容重 14 千克／立方米以上）、彩钢瓦面。或者直接采用双层彩钢板，中间夹 50 ～ 60 毫米聚苯（容重 14 千克／立方米以上）保温层。

④ 圈舍坡降。

圈舍横向坡降为 3‰，走道应高于圈面 10 ～ 20 毫米。

戏水池坡降 3‰（两端落差 6 厘米），戏水池沿高 150 毫米，外沿高于圈面 100 ～ 150 毫米。

排水沟坡降 1%。

⑤ 戏水池与漏缝沟。

戏水池宽 1050 毫米，紧贴内墙，戏水池与漏缝沟间距 100 毫米，戏水池应做防渗处理。

戏水池排粪出口要成下漏排粪，出口装堵水口。

漏缝沟沿宽 500 毫米，沟宽 400 毫米，沿高 50 毫米，上铺 500 毫米 ×1000 毫米的漏缝地板，沟深高度从进口的 200 毫米到出口的 400 毫米，沟底部呈 U 形。

⑥ 采暖烟道及烟筒

采暖烟道为水平 U 形回转，火道间距离 1000 毫米。

入口烧火处高 600 毫米，宽 600 毫米；烟道入口处高 400 毫米，宽 400 毫米；U 形烟道处前端高 350 毫米，后端高 300 毫米，出口处高 200 毫米，烟道宽 400 毫米，烧火炉条下的进风口高度 600 毫米。

入火烟道低于出火烟道水平 50 毫米，体现"低处进烟，高处出烟"，入火烟道靠近戏水池，出火烟道靠近人行走道。出火烟道离猪栏门 1000 毫米。

烟筒高 3000 毫米以上，分别是 62 墙 1000 毫米，50 墙 1000 毫米，37 墙 1000 毫米。烟筒于烟道连接处内径 400 毫米，宽 250 毫米逐渐向上收到 120 毫米 ×120 毫米。

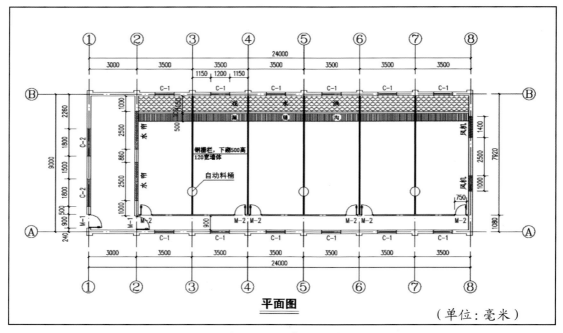

图 4-1　猪舍平面图

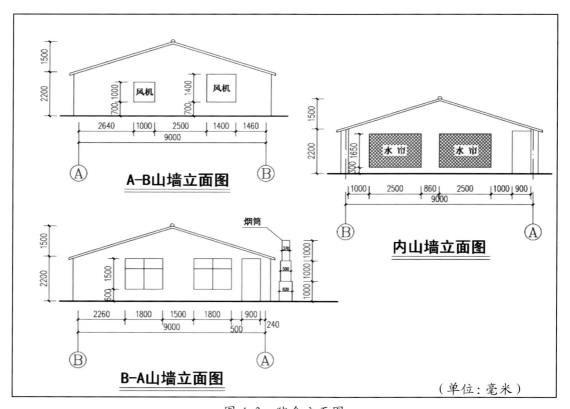

图 4-2　猪舍立面图

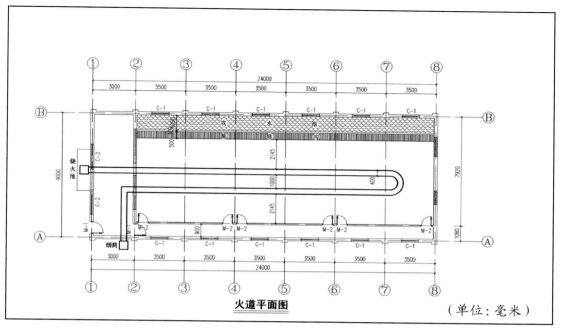

图 4-3 猪舍火道平面图

⑦隔栏。

戏水池上部用 12 钢筋隔栏, 竖排钢筋间隔不超过 80 毫米, 隔栏两侧用卡环与墙壁和圈栏连接。

隔栏下部为 120 毫米砖墙, 高 500 毫米, 两侧水泥沙浆 10 毫米粉刷, 上部两根钢管间距 200 毫米横向排列, 每间距 2000 毫米加一竖栏固定。

⑧设备与安装。

a. 饲喂系统。采用自动料桶, 料桶距走道隔栏 250 ～ 400 毫米, 以便于投料为宜。料桶直径 730 毫米。

b. 饮水系统。每个栏内至少分开安装 2 个以上饮水乳头。水压以饮水乳头每分钟流量不少于 500 毫升为宜。

c. 舍内环境控制系统。在猪舍入口对侧山墙上安装 1400 毫米 × 1400 毫米和 1000 毫米 × 1000 毫米的负压风机 2 个;

风扇底部距地面 700 毫米, 两风机间隔 2500 毫米, 1400 毫米 × 1400 毫米风机靠近戏水池, 1000 毫米 × 1000 毫米负压风机靠近人行走道。

在猪舍入口山墙离地 300 毫米处安装 2 块 2500 毫米 × 1650 毫米湿帘。

安装温、湿自动控制系统。

⑨地下基础及地面。

地基为 2:8 或 3:7 灰土 150 毫米夯实或平铺 60 毫米厚砖, 上铺 1:2.5 或 1:3 水泥砂浆 20 毫米, 表面粗糙。

（二）主要管理措施

1. 饲养管理

标准化养猪"150"模式实行全进全出，分段饲养。在饲养过程中强调合理分群。根据猪的强弱、大小、公母进行分群，同一群猪，小猪阶段体重差异不宜超过 2～3 千克，中猪阶段体重差异不宜超过 6～8 千克，保持定群后的相对稳定。同时要注意不同阶段的饲料过渡，过渡时以 1/3 替换，每次替换历时 2 天，过渡期为 1 周。

2. 饲料供给

标准化养猪"150"模式推荐使用全价配合饲料。配合饲料的营养水平应符合 NY/T 65-2004《猪饲养标准》的规定，卫生指标应符合 GB 13078-2001《饲料卫生标准》的规定，添加剂使用应符合 NY/T 5032-2006《无公害食品 畜禽饲料和饲料添加剂使用准则》的规定。配合饲料应色泽一致，无发霉变质、结块及异味。饲料投喂宜按表 4-1 执行。

表 4-1　饲料投喂

生长阶段		小猪阶段 15～40 千克	中猪阶段 41～75 千克	大猪阶段 76 千克至上市
5月上旬至 11月上旬	营养水平 DE（兆焦／千克）	13.52	13.44	12.81
	CP（%）	20.5	19.2	17.8
	投饲量（千克）	自由采食	自由采食	2.1～2.25
12月中旬至 3月下旬	营养水平 DE（兆焦／千克）	13.65	13.52	12.94
	CP（%）	19.8	18.0	17.0
	投饲量（千克）	自由采食	自由采食	2.3～2.5
其他时间	营养水平 DE（兆焦／千克）	13.56	13.10	12.81
	CP（%）	20.2	18.5	17.5
	投饲量（千克）	自由采食	自由采食	2.2～2.35

3. 通风

标准化养猪"150"模式夏季通风主要以纵向通风为主，即封闭两侧的采光窗，打开缓冲间的窗户进风。春秋季节和冬季采用横向与纵向通风相结合方式。

通风程序宜按表 4-2 执行。

表 4-2　通风程序

季节	猪群阶段	通风时间	备注
冬季	15~60 千克	每 10 分钟通风 1.5 分钟	不开水帘
	61 千克以上	每 5 分钟通风 1.5 分钟	不开水帘
春秋季	15~60 千克	每 10 分钟通风 2 分钟	不开水帘
	61 千克以上	每 5 分钟通风 2 分钟	不开水帘
夏季	15~60 千克	每 5 分钟通风 2 分钟	开水帘
	61 千克以上	每 5 分钟通风 3 分钟	开水帘

4. 温度控制

标准化养猪"150"模式猪舍温度控制宜达到表 4-3 的要求。

表 4-3　猪只适宜温度

阶段	15~45 千克	46~75 千克	75 千克至上市
适宜温度	19~22℃	18~20℃	17~19℃

5. 适时出栏

标准化养猪"150"模式提倡适时出栏，宜在体重 110 千克左右出栏。

6. 卫生防疫和保健

标准化养猪"150"模式提倡建立定期消毒制度，因地制宜选用低毒、高效、广谱的消毒药品，保持整个环境的清洁卫生。因地制宜制订科学合理的药物预防与保健方案。并合理制订猪群驱虫计划，选择安全、高效、广谱的抗寄生虫药品。所有兽药要严格执行休药期。

标准化养猪"150"模式必须按照规定淘汰病猪、疑似传染病患病猪、隐性感染猪和无饲养价值的猪只。同时，应根据猪群的免疫状况和疫病的流行季节，结合当地和本场的实际情况制订科学高效的免疫预防方案。

三、成效与案例

（一）推广成效

通过推广实施、示范，2006～2009年湖北全省累计新建"150模式"标准化猪舍13948栋，共计306.85万平方米，累计新增优质三元猪出栏数868.62万头，新增产值118.99亿元，新增纯利润29.48亿元。

同时，通过推广实施、示范，标准化养猪"150"模式养殖户生猪生产性能显著提高。生猪160～165天达100千克体重，肥育期日增重700克以上，料肉比（2.4～2.6）：1，成活率97%以上，瘦肉率64%以上。料肉比下降0.4～1.0，饲养周期缩短30天以上，肥育猪成活率提高5%～8%，兽药投入减少10～20元/头，胴体瘦肉率提高2%～3%，每头可增收节支110元以上，社会效益约9.55亿元；全省规模养殖水平从2006年的30%，提高到2009年的64.08%。标准化养猪"150"模式的研究与示范推广较大地提高了湖北省标准化养猪水平和经济效益，促进了行业的科技进步，对农业经济结构的调整，充分利用剩余劳动力和饲料资源，吸纳社会闲散资金，组织农民进入市场，增加非农产业收入，致富农民，壮大农村经济以及社会主义新农村建设等都具有巨大的促进作用和示范作用。同时，通过猪场的粪污处理与利用新技术的配套推广应用，解决了养猪生产发展与环境保护的矛盾，为养猪业可持续发展提供了可靠的技术保障。

当前标准化养猪"150"模式在湖北省已深入人心，成为全省畜牧业发展的主要方向，每年可新增出栏优质三元猪400万头以上，占湖北省生猪总出栏量的10%以上，随着"150"模式的进一步推广，新增生猪出栏数将进一步提高。2008年湖北省畜牧兽医局局长在全国发展生猪生产视频会议北京的主会场作典型发言，重点介绍了湖北省大力推广适合普通农户适度规模化养殖的标准化养猪"150"模式，推动生猪生产，促进农民增收取得的成功经验，在全国引起强烈反响。标准化养猪"150"模式具有广阔的推广应用前景。

（二）典型案例

湖北省红安县城关镇金沙村山背李家组养殖户李某某，2006年建成1栋标准化养猪"150"模式猪舍并投产。

1. 性质和规模
年出栏450头的标准化商品猪场。

2. 生产工艺
全进全出生产工艺。

3. 效益
猪舍标准投资46000元左右；一次饲养优良仔猪150头，投入3万～5万元，饲料投入6万元左右，每头猪的利润在100元；一年的收益在45000元左右。

第二节 发酵床养猪技术

一、技术概述

（一）发酵床养猪技术的概念

发酵床养猪技术是指用农林业生产的下脚料，如锯末、稻壳、秸秆等，混合一定数量的微生物制剂，制成发酵床。将猪饲养在发酵床上面，利用微生物发酵迅速降解、消化猪只排出的粪尿，从而达到免冲洗猪圈、粪污零排放，实现生态、环保、健康养猪的一项新技术。对此新技术，目前社会上叫法比较多，常见的有"自然养猪法"、"生态养猪法"、"环保养猪法"、"懒汉养猪法"等（图4-4）。

图 4-4　生物发酵床养猪示范图

（二）发酵床养猪技术的原理

发酵床养猪是在养猪圈舍内利用农林业生产的下脚料，如锯末、稻壳、秸秆等，混合一定数量的微生物菌种，如乳酸菌、酵母菌、芽孢杆菌、放线菌、光合菌等，制成发酵床进行养猪。通过微生物发酵，使猪粪、尿的有机物质得到充分的分解和转化，实现养猪粪污零排放。微生物在发酵过程中产生的热量，可以保持垫料和猪舍的温度，杀死垫料中不利于生猪生长的多数病原微生物和霉菌；微生物代谢产生的细菌素、溶菌酶、过氧化氢等，可以抑制许多细菌和病原菌的生长；猪只不断拱食垫料，有益菌进入肠道内代谢产生的多种消化酶、氨基酸、维生素及多糖产物等，可增强机体免疫功能，促进生猪的生长发育。

（三）发酵床养猪技术的优点

①环保效益显著。采用发酵床技术养猪，达到养猪粪污零排放的目的，彻底解决了养猪对环境的污染。

②冬季养猪效果十分明显。冬季采用发酵床养猪，猪只都喜欢趴卧在温暖的垫料上，

可以提高饲料报酬，促进生长发育，降低发病率，缩短饲养周期。

③改善猪舍环境。发酵床猪舍为全开放式，使猪舍通风透气、阳光普照、温湿度均适合于猪的生长。猪粪尿在发酵床菌种作用下迅速分解，猪舍里不会臭气冲天和苍蝇孳生。

④提高猪肉品质。在垫料上饲养，猪只十分舒适，活动量增大，恢复其自然生活特性。猪生长发育健康，几乎没有猪病发生，几乎不用抗生素等药物，提高了猪肉品质。

⑤变废为宝。垫料在使用 3 ～ 5 年，形成可直接用于果树、农作物的生物有机肥，达到循环利用、变废为宝的效果。

（四）发酵床养猪技术存在的问题

①饲养成本增高。随着该技术的大规模推广，锯末、谷壳等原料需要量大增，供应出现紧张，价格逐年上涨，提高了饲养成本。

②菌种的适应性问题。同一个菌种在不同地区的适应性有所差异，应用效果不一，有些需要在养猪过程中经常添加。

③夏季饲养效果较差。由于微生物发酵过程产生热量，夏季舍内温度较高，不利于猪只生长发育。

④单位面积承载量限制。由于发酵床养猪的饲养密度不能太大，否则，易导致微生物发酵不充分，粪尿分解不完全，应用效果不理想，因此，发酵床养猪较传统养猪需要的土地和猪舍面积要大。

二、主要内容

（一）发酵床猪舍的建设

1. 发酵床猪舍的选址

发酵床养猪同传统养猪在场址选择上无多大差异，相比传统猪舍更趋灵活。但在选择发酵床养猪场址时，需要注意地下水位、朝向等方面。

①地下水位：在发酵床养猪模式中，垫料的含水量是一个主要的技术问题。如果垫料太湿，则导致细菌生长受阻，进而发酵停止，造成垫料发霉腐烂，制约发酵床优势的发挥。猪场选址在地势较低的地方，会因地下水位高而影响发酵效果。一般要求地下水位应在 2 米以下。

②朝向：场舍应坐北朝南，可以充分利用太阳光和自然风，提高发酵床养殖效果，促进猪群的健康生长。

2. 发酵床猪舍的建筑设计

发酵床猪舍设计的基本原则。

①发酵床猪舍的布局应严格按照饲养工艺流程进行安排，如配种舍（种公猪和空怀母猪）→妊娠舍→分娩舍→仔猪保育舍→生长猪舍→育肥猪舍。种猪舍位于上风向，育肥猪舍位于下风向，（注意观察当地经常性风向）。要求通风、透光性好，干燥卫生，操作管理方便。南方地区注意防潮防热和排水，北方地区注意保暖通风防雪等，沿海地区注意防风。

②注重舍内通风与换气，必要时特别是夏天安装电动排风扇。通过通风与换气，可以调节猪舍内的温度、湿度和有害气体含量。

③发酵床养猪冬天容易保温，夏天则要注意防暑降温，如顶部要用不透光和反光的遮阳布，同时为了防止早晚斜阳照射引起温度过高，在猪舍的东西两面，特别是西面，使用帘布或黑篷布遮阳，也可以种植阔叶树木。

④发酵床的建筑可以尽量简单化，可以使用大棚式猪舍。

⑤发酵床养猪猪舍也可以在原建猪舍的基础上稍加改造就行。原有猪舍改造时，如果采用地下式或半地下式的发酵床，可以就地打破水泥地面，深挖地下40厘米左右（南方浅，北方深），放置垫料至原来水泥池地面高度即可。不提倡采用完全地上式加放垫料养殖，原有的水泥地面一定要至少打破一些孔（每平方米面积不少于10个直径为2厘米的孔），以增加地气对垫料底层微生物的保护，对养猪也有好处。

⑥食槽和饮水器的设置：北侧建自动给料槽，南侧建自动饮水器，这样做的目的是让猪多活动，在来回吃食与饮水中搅拌了垫料。饮水器的下面要设置一个接水槽，将猪饮水时漏掉的水引出发酵床之外，防止漏水进入发酵床中，影响垫料发酵。

⑦注意在猪场中建设1～2栏隔离栏，隔离栏远离发酵床栏舍，一旦发现疑似（传染病）病猪，及时进行隔离饲养，观察并及时治疗。

3. 垫料池的建设

发酵床养猪技术的核心之一就是"发酵床"，发酵床制作的成功与否，在很大程度上是由垫料池的建设所决定的。

发酵床垫料池主要有以下3种建设形式。

①地上式垫料池。适合地下水位高、雨水容易渗透的地区。

②地下式垫料池。适合地下水位低、雨水不易渗透的地区。

③半地上或半地下式垫料池（图4-5）。

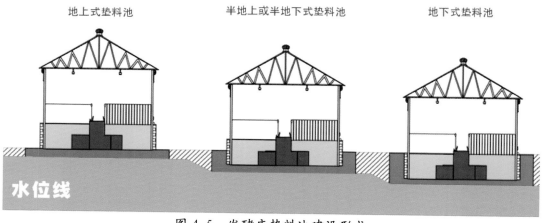

图4-5 发酵床垫料池建设形式

发酵床的面积根据猪的大小和饲养数量的多少进行确定，一般保育猪为 0.3～0.8 平方米／头，育肥猪 0.8～1.5 平方米／头，母猪 2.0～2.5 平方米／头。垫料深度因所饲养猪只及管理规程不同而略有差异，推荐垫料池深度一般为 80～100 厘米。过浅的垫料池使得发酵床的厚度可调节范围小，容易出现发酵效率低下，垫料使用年限变短。但过深垫料池容易造成垫料的浪费、发酵过强以及增加饲养成本。

垫料池四周一般使用 24 厘米的砖墙，内部水泥挂面。也可使用水泥预制板拼接而成。床体下面直接使用原有土地面，不用硬化处理。一般发酵床在整栋猪舍中相互贯通，不打横格，以增加发酵效率，降低建设成本（图 4-6）。

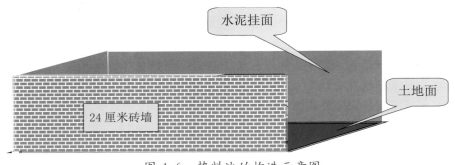

水泥挂面

土地面

24 厘米砖墙

图 4-6　垫料池的构造示意图

4. 各类猪舍的构造

发酵床养猪对猪舍结构的要求与传统猪舍基本一致，特殊点在于增大前后空气对流窗，充分利用自然风。应按猪群不同的性别、年龄、生产用途，分别建造各种专用猪舍，如育肥猪舍、保育猪舍、母猪舍等。

发酵床猪舍的基本结构为：在猪舍内设置 1 米左右的走道，一定宽度的水泥饲喂台，与饲喂台相连的是发酵床。墙体南北均设较大的通风窗，最好增设地面通风口，房顶设通风口，推荐使用饲喂及饮水一体的自动喂料槽。在舍内设置水泥饲喂台很重要，一是防止垫料污染饲料，影响采食量；二是夏天高温季节为猪只提供选择趴卧休息凉爽区，以减少发酵床过热对生猪的影响；三是有利于猪肢体发育，这一点对种猪饲养尤其重要。

（1）保育猪舍（图 4-7、图 4-8）

刚断奶转入保育的仔猪，生活上是一个大的转变，由依靠母猪生活过渡到完全独立生活，对环境的适应能力较差，对疾病的抵抗力较弱，而这段时间又是仔猪生长最强烈的时期。因此，保育舍一定要为小猪提供一个清洁、干燥、温暖、空气新鲜的生长环境，发酵床猪舍正好符合这些条件。

保育猪舍一般采用双列式猪舍，坐北向南，猪舍跨度为 8～13 米，南北面可采用上窗和地窗，窗户开启可使用升降卷帘，猪舍屋檐高度 2.2～2.5 米。为补充光照，屋顶南面可使用两张保温隔热板配合一张阳光板的方式增加采光。垫料池可采用地上式、地下式或半地上半地下式，推荐使用地上式猪舍。

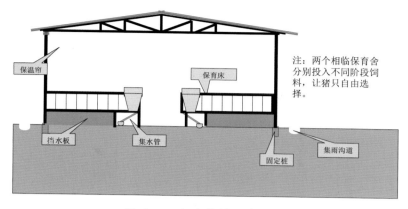

图 4-7 发酵垫料保育猪舍 1

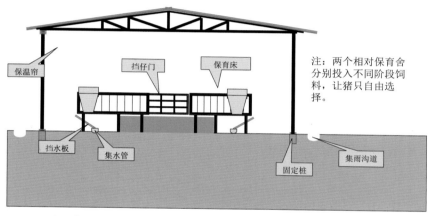

图 4-8 发酵垫料保育猪舍 2

保育床可由 240 厘米 ×165 厘米 ×70 厘米，离地 35 厘米的传统保育床改造而成，也可按此尺寸制作。首先提升保育床支架高度到 1 米，饲喂槽一侧保留 0.8 ～ 1 米的硬面饲喂台，安置料槽。

图 4-7 延长围栏至墙根，扩展 80 ～ 100 厘米。从饲喂台边沿统一用栏板固定，以遮挡垫料，形成发酵垫料池。原保育床中间围栏取消，两栏并为一栏，设置 2 台自动喂料槽，这样就形成了拥有 2 个料槽，（80 ～ 100）厘米 ×330 厘米的饲喂台、（220 ～ 260）厘米 ×330 厘米的垫料池。

图 4-8 对接两个传统保育围栏，从饲喂台边沿统一用栏板固定，以遮挡垫料，形成发酵垫料池。两栏并为一栏，两头分别设置 1 台自动喂料槽。这样就形成了拥有 2 个料槽，两个（80 ～ 100）厘米 ×165 厘米的饲喂台、一个（380 ～ 400）厘米 ×165 厘米的垫料池，猪只活动面积加大，可以嬉戏，恢复其生物习性。

（2）育肥猪舍（图 4-9、图 4-10）

育肥猪一般采用单列式发酵床猪舍，阳光充足，猪只活动区域大。在猪舍北端设置 1 米的水泥走道，1.2 ～ 1.5 米宽的水泥饲喂台，可单独设置饮水台或在猪舍适当位置安置

生猪养殖主推技术

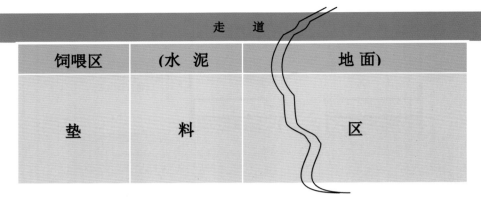

图 4-9　育肥猪舍平面示意图

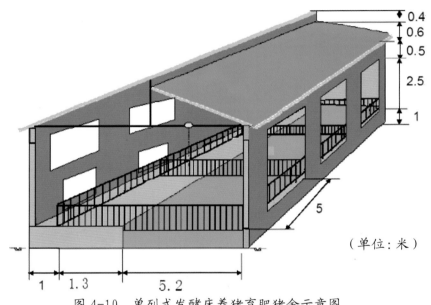

（单位：米）

图 4-10　单列式发酵床养猪育肥猪舍示意图

饮水器，要保证猪饮水时所滴漏的水往栏舍外流，以防饮水潮湿垫料。推荐使用饲喂及饮水一体的自动喂料槽。

　　育肥猪舍坐北向南，猪舍跨度为 8～13 米，猪舍屋檐离发酵床面高度 2.2～2.5 米；南面立面全开放卷帘，窗户高 2 米左右，宽度在 1.6 米左右；北面采用上窗和地窗，也可采用与南面同样模式的窗户；屋顶设通风口。为降低猪舍建设成本，育肥猪舍也可采用塑料大棚式的结构，也可对现有猪舍进行改造，只要符合夏天通风降温、冬天保温除湿条件即可。

　　对于地上式、半地上半地下式垫料池，一般每个猪舍靠近舍外的一面墙体留设 1.5～3.0 米缺口，缺口用木板等遮拦垫料，方便垫料进出和翻耙垫料。

　　为防止夏季高温，可以将屋檐至屋顶的高度提高 0.5～1 米，以利于自然通风降低舍内温度，同时舍内设置滴水降温设施。有条件的地方，夏季最好采用机械通风和湿帘降温（图 4-11）。

（3）母猪舍

母猪舍又分妊娠猪舍和分娩猪舍，均可参考育肥舍外形结构。妊娠猪舍可采用小群饲养模式，分娩猪舍常采用分娩栏或产床进行饲养。

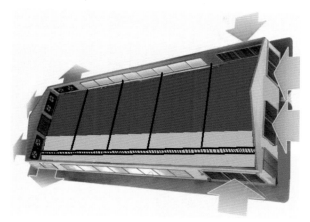

图 4-11　机械通风和湿帘降温猪舍

①妊娠猪舍。

妊娠猪舍可用单列式或双列式结构，其建筑跨度不宜太大，以自然通风为主，充分利用空气对流原理，结合当地太阳高度角及风向风频等因素建造。单列式妊娠猪舍坐北向南，猪舍跨度为8～13米，北面采用上窗和地窗，南面立面全开放卷帘，猪舍屋檐高度2.2～2.5米。双列式妊娠猪舍也是坐北向南，猪舍跨度为8～13米，南北面可采用上窗和地窗，窗户开启可使用升降卷帘，猪舍屋檐高度2.2～2.5米，为补充光照，屋顶南面可使用两张保温隔热板配合一张阳光板的方式以增加采光。为便于管理，防止雨季雨水渗入垫料池，推荐使用地上式猪舍，使用饲喂及饮水一体的自动喂料槽（图4-12、图4-13）。

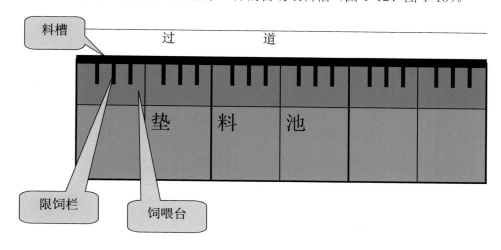

图 4-12　单列式发酵床养猪妊娠猪舍

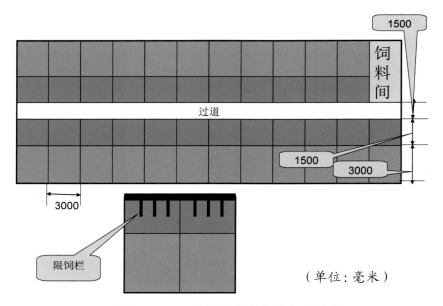

（单位：毫米）

图 4-13　双列式发酵床养猪妊娠猪舍

②分娩猪舍。

分娩猪舍即产房。发酵床养猪的产房扩大了母仔活动范围，一般有四种可用模式：一是母猪、仔猪均在产床上，粪尿流入发酵垫料池，垫料池仅起到分解粪尿的作用，如图 4-14（a）；二是产床限制母猪，仔猪可以在产床或垫料池活动，增加了仔猪活动范围，恢复其自然习性，仔猪可选择休息、活动区域，如图 4-14（b）；三是无限位栏，有饲喂台，母仔均可自由在垫料上活动，母仔均有单独饲喂台，如图 4-14（c）；四是母猪仅有一部分接触垫料，但不能在垫料床上活动，如图 4-14（d）。

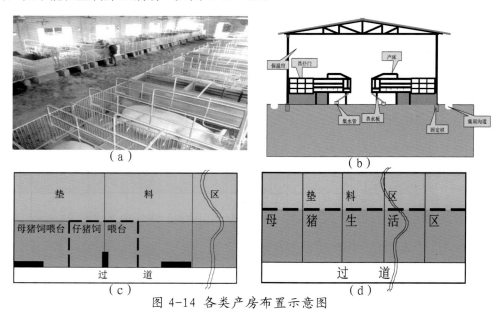

图 4-14　各类产房布置示意图

（二）发酵床的制作与管理

1. 垫料原料的选择原则

可以用于制作发酵床垫料的原料有很多，如锯末、木屑、稻壳、花生壳、玉米秸、棉花秸、甘蔗渣、畜禽粪便等。我国地域广阔，不同地区的农业和林业资源不同，因此，各地可以根据当地自然资源优势，合理选择垫料原料，但要注意遵循以下几条原则。

①垫料要有一定惰性，不易被分解。供碳能力均衡持久的原料，用其制作垫料利用时间就长。

②垫料要有一定的透气性。垫料微生物发酵以好氧发酵方式为主，虽然厌氧发酵和好氧发酵都可以分解粪尿，但好氧发酵的分解效率是厌氧发酵的10多倍，相对比较疏松的垫料，有利于发酵微生物的活动和繁殖，加快粪尿的分解。

③垫料要有一定的吸水性。垫料中的水分能够影响发酵效率，水分含量不宜过多或过少，一般要求垫料的含水量为60%左右。

④垫料要有一定的硬度或刚性，不至于轻易板结。垫料板结后会影响发酵，并且容易导致垫料腐烂。

⑤垫料的碳氮比要大于25:1。一般来说，微生物繁殖所需的最佳碳氮比为25:1，由于猪粪的碳氮比为12.5:1，是提供氮素的主要原料，而且养猪过程粪尿持续产生，因此，垫料原料的碳氮比越高，垫料的使用时间就越长。常用垫料原料的碳氮比见表4-4。

⑥选用的所有垫料原料都必须新鲜、无毒、无霉变、不含化学防腐剂等，不得影响微生物发酵。

⑦充分利用锯末。锯末有许多不可替代的独特性能，如细度较均匀、纤维素半纤维素含量高、吸水性好、透气性好、耐分解力强等，是制作垫料的最佳原料之一。但是，必须保证锯末的来源清楚，使用无毒、无霉变、最好是新鲜的干锯末，坚决不能使用经防腐处理的板材生产的锯末。

表4-4 常用垫料原料的碳氮比

序号	垫料原料	碳：氮
1	锯末	491.8:1
2	杂木屑	491.8:1
3	稻壳	75:1
4	稻草	58.7:1
5	玉米秸	53.1:1
6	玉米芯	88.1:1
7	麦秸	96.9:1
8	豆秸	20.4:1
9	棉籽壳	27.6:1

（续表）

序号	垫料原料	碳：氮
10	野草	30.1:1
11	甘蔗渣	84.2:1
12	啤酒糟	6.7:1
13	麦麸	20.3:1
14	米糠	19.8:1
15	豆饼	6.8:1
16	花生饼	7.8:1
17	菜籽饼	9.8:1
18	猪粪	12.5:1
19	牛粪	24:1
20	鸡粪	10:1

2. 常用的垫料原料组合

目前生产中最常用、效果最确实的垫料原料组合仍为锯末＋稻壳，其次还有：

锯末＋花生壳

锯末＋玉米秸

锯末＋麦秸

锯末＋棉花秸

锯末＋稻壳＋米糠

锯末＋玉米秸＋花生壳

锯末＋稻壳＋玉米秸＋花生壳

锯末＋稻壳＋玉米秸＋棉花秸

树枝粉＋玉米秸＋花生壳＋玉米芯

3. 微生物发酵菌种的选择

微生物发酵菌种可以自己从落叶、田间秆茬上采集制作，以降低生产成本，但效果差异很大。建议初次使用该技术的规模猪场以及广大中小养猪场户，最好还是选择效果确实的专业单位制作的成品菌种。

4. 发酵床垫料的制作步骤

（1）制作发酵床材料的准备

制作发酵床的材料包括垫料原料（如锯末、谷壳等）、菌种、辅料（如米糠、玉米面等）。垫料原料的用量根据发酵床制作面积和垫料厚度计算，原料使用比例可均分，也可根据当地资源优势适当调整。菌种和辅料用量根据成品菌种的使用说明添加。

（2）预混合微生物发酵菌

按每 20 平方米垫料使用 2 千克微生物发酵菌（按购买菌种的实际使用说明量为准），加入 20 千克麸皮或米糠，充分混合均匀。

（3）原料混合

将垫料原料和预混合微生物发酵菌搅拌均匀，并在搅拌过程中根据原料的湿度适当喷洒洁净水，使垫料水分在 50% ~ 60%。判断含水量的简易方法是：在现场制作时，用手抓一把垫料，垫料可成团，指缝无水渗出，松手即散，手上有水的感觉即可（图 4-15）。

图 4-15　垫料含水量简易判别

（4）堆积发酵

将混合好的垫料堆积成圆形或梯形，并用编织袋或草苫子等保温、透气的材料在上面覆盖让其发酵，不可用不透气的塑料薄膜覆盖。一般冬季需要发酵 10 ~ 15 天，夏季 5 ~ 7 天即可（图 4-16）。

图 4-16　堆积发酵

（5）温度监测

从发酵的第 2 天开始，在不同角度的 3 个点约 20 厘米深处测量发酵温度，并作好记录。一般情况下第 2 天垫料的温度应上升到 40 ~ 50℃，第 4 至第 7 天温度最高可达 60 ~ 70℃，随着垫料中添加的麸皮或米糠等营养物质的消耗，发酵温度不断下降，逐渐趋于稳定，则表明垫料发酵已成熟（图 4-17、图 4-18）。

图 4-17　温度测定

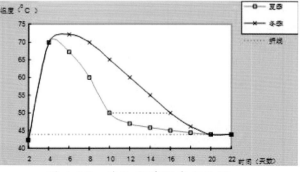

图 4-18　堆积发酵温度变化图

（6）垫料使用

将发酵好的垫料摊开铺平，气味清爽，没有恶臭味，上面再填充 10 厘米左右未经发酵的垫料原料（如锯末、谷壳等），然后停留 24 小时后即可进猪使用。

（7）玉米秸秆的利用

为了降低垫料成本，减少价格较高的谷壳和锯末的用量，可在垫料池的底部铺设一层 20～30 厘米晒干的整株玉米秸，发酵效果不受影响，但要求玉米秸不能发霉变黑。

5. 发酵床的维护与管理

要改变发酵床养猪是懒汉养猪的错误观念，在使用发酵床养猪过程中，必须及时做好发酵床的维护和管理，保证发酵床的使用寿命和猪的健康生长。发酵床维护与管理的要点包括温度、湿度、松软、均匀度、密度、厚度等。

（1）垫料厚度的维护

夏天初建的垫料厚度不能太厚，进猪一段时间后，猪只踏实变浅了，可酌情补充垫料。进入初冬和冬季后，慢慢再添加垫料，最终使垫料的厚度达到规定要求，如南方 60～80 厘米，北方 80～100 厘米。对于一些最低温度低于零下 10℃ 的地方，垫料厚度应适当增加，使用效果会更好。

（2）垫料的补充管理

发酵床一般不需要频繁地补充新垫料。以初建时垫料厚度为 60 厘米的养殖育肥猪为例，一般第一次补充新垫料的时间为第四个月，补充的厚度为 8～10 厘米，以后每 3～4 个月补充一次，最好选择在每批猪出栏后进行。具体实践中的操作，以养殖场实际情况为准。

由于发酵床垫料消耗很少，当发现表面呈细黑土状时可以铲出上层 5～10 厘米原有垫料，再补充铲入垫料厚度的 120% 即可（例如，铲出了 10 厘米，补充新垫料 12 厘米即可），补充新垫料后要适当喷洒发酵菌液。

（3）垫料的含水量管理

上层垫料由于一直接触空气，受空气的含水量、光照影响很大，表层垫料一般要求保持微微的湿润，含水量一般为 30% 左右。实际简易测量方法是：手抓一把表层垫料，对着垫料轻轻吹口气，如果不扬尘，说明不需要补水；如果垫料扬尘，说明过干，需要对垫料进行补水。

补水最好将发酵菌用水适当稀释后作为补充水，稀释倍数灵活机动。当垫料分解弱，感觉有氨味或异味时，稀释液浓度大一些，增加垫料中的菌种数量，补水量以使垫料表面2厘米湿润即可，补水的同时，实际上是补充了菌种，也保持垫料中充分的菌种活力。补水不是定时、定量、定点的，而是根据实际情况针对不同时间、所需要的补水量、需要补充的区域来灵活决定。

如果发现垫料过于湿润，则可以采取对垫料进行翻挖并开窗透气一定的时间，让湿气挥发或补充少量干燥垫料吸附过多的水分。

（4）垫料的翻挖管理

发酵床不需要全部天天翻挖，每间隔 15 ～ 20 天深层翻挖一次即可。但需要每天观察垫料使用状况，将过于集中的猪粪先打碎分散开来，再掩埋到垫料 10 厘米下层，并对一些局部看起来有些板结的地方进行简单翻挖。垫料的翻挖可以采用人工翻挖，大面积垫料最好采用机械翻挖，以提高工作效率（图 4-19）。

图 4-19　垫料翻挖

（5）垫料的更换管理

更换垫料的原则是只有在垫料分解粪尿活力明显下降的情况下才进行更换，如明显感觉到粪便的分解消失情况不如以前，猪舍中臭味比较大了，即使补充活力发酵床复合菌液，进行翻挖垫料，也无法改善这种状况，则有必要进行垫料的更换了。

垫料的使用寿命和更换的频率由多种因素决定，例如，垫料原料组合情况、原料的惰性、饲养密度的大小、垫料日常管理的好坏等。一般锯末＋稻壳组合的垫料，只要饲养密度适中、维护管理良好，使用年限应在 3 年以上。

（6）猪出栏后的垫料管理

① 将垫料进行一次深层翻挖，并打散成块的垫料。如果上批猪出现过比较重大的病情，如严重拉稀腹泻和传染性疾病等，则必须在翻挖打散的同时，使用高效消毒剂进行喷雾消毒表面层，并放置干燥至少 3 天。

②如果垫料消耗较多，需要进行适当的补充。补充新垫料时，垫料原料和菌种用量和垫料制作方法相同。

③将新旧垫料混合均匀，堆积成圆堆形或梯形，使其发酵至成熟，杀死病原微生物，方法与新垫料酵熟技术相同。

④如果必要，期间可对发酵床围栏四周、栏杆、食槽、硬化地面、过道、饮水槽、屋顶进行全面消毒。

⑤进猪前 1 ~ 2 天，将发酵成熟的垫料摊平在垫料区，上面填充 10 厘米左右未经发酵的垫料原料（如锯末、谷壳等），停留 24 小时后，即可进下一批猪饲养。

（三）发酵床垫料制作维护设备

1. 垫料翻动设备

用于垫料制作、垫料日常翻动搅匀。规模猪场每次大规模制作和翻动垫料可选择使用小型挖掘机或小型铲车以及犁耕机等。平时饲养员简单翻耙垫料、调整垫料湿度等可使用叉、耙、铲等小型农具。

2. 垫料挡板

用于拦截地上式或半地上式猪栏垫料以及方便垫料进出使用（图 4-20）。

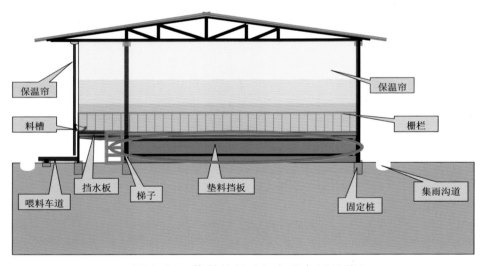

图 4-20　垫料挡板（红色线包围区域）

三、成效与案例

（一）发酵床养猪技术饲养种公猪的应用实例

山东省种猪性能测定站自 2009 年开始采用发酵床猪舍开展种猪生产性能测定，测定结果表明，种公猪的生长发育良好，发酵床垫料对趾蹄发育没有影响。

山东省种猪性能测定站每间测定舍面积为 48 平方米，其中，垫料面积 24 平方米，水泥地面 24 平方米。每间猪舍饲养种公猪 8 ～ 12 头，每年的 3 月 20 日送测，体重为 25 千克，6 月底结束测定，体重达 100 千克左右。垫料采用稻壳和锯末各 50%，1 千克生物菌素，10 千克麸皮作为前期发酵营养素，垫料厚度为 60 厘米。每间设 2 个高度不同的乳头式自动饮水器，1 台奥斯本全自动生产性能测定仪，以自然通风为主，夏季炎热、无风的天气，借以机械通风。

测定期间的垫料维护较简单，每天检查垫料的粪尿和水分，发现粪尿集中时，分散开来，发现垫料较干时，喷洒含有菌种的清水，垫料较湿时，添加稻壳并加强通风。每周对垫料彻底翻动 1 次即可。

（二）发酵床养猪技术饲养育肥猪的应用实例

江苏省徐州市于 2008 年建成一处发酵床育肥猪场，占地面积 3 公顷，建设发酵床猪舍 335 间，每间面积 20 平方米，总投资 630 万元，育肥猪存栏 5000 头，年出栏 2 万头。

该猪场采用双列全地下式发酵床工艺，猪舍单间跨度 5 米，宽度 4 米，墙体由水泥砖砌成，屋檐高度 2.3 米，屋顶高度 3.8 米，屋顶用水泥瓦覆盖，单间猪舍饲养 15 头。垫料原料配方为锯末 500 千克，统糠 1200 千克，玉米粉 40 千克，某品牌菌种 500 克，水 1200 千克，垫料厚度 70 厘米。

应用该技术的结果表明，污水排放没有，地下渗透水极少，氨气排放量仅为传统养猪的 1/4，环境效益良好。该技术可节约饲料 10% ～ 15%，缩短育肥期 10 ～ 15 天，加上节约水、电、药和节省排污管道及粪污处理设施设备投资等，出栏 1 头猪可比传统养猪法增加直接经济效益 40 元。

第三节 猪、沼、菜（粮、果、林、茶等）生态养殖模式

一、技术概述

　　猪、沼、菜（粮、果、林、茶等）生态养殖着重是考虑生猪与生存环境间在不同层次上的相互关系及其规律的生产活动。它是按照生态学原理，遵循循环经济理念的核心"减量化（Reduce）、再使用（Reuse）、再循环（Recycle）"3R原则，把清洁生产、资源及其废弃物综合利用、生态设计和可持续发展等融为一体，以生猪养殖为主体，以能源利用为核心，以土地消纳为纽带，实现种养结合，畜地平衡，循环发展。

二、主要内容

（一）生猪生态养殖工艺流程（图4-21）

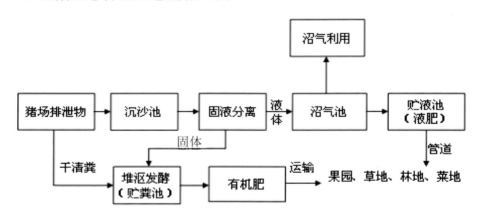

图4-21　生猪生态养殖工艺流程

（二）生猪生态养殖主要工艺参数

1. 猪粪尿产生量（表4-5）

表4-5 猪粪尿产生量

猪	污染物指标	单位	产污系数
保育猪（30千克）	粪便量	千克／（头·天）	0.5～1.0
	尿液量	升／（头·天）	1.0～1.9
育肥猪（70千克）	粪便量	千克／（头·天）	1.1～1.8
	尿液量	升／（头·天）	2.1～2.5
妊娠猪（210千克）	粪便量	千克／（头·天）	1.6～2.0
	尿液量	升／（头·天）	3.5～5.0

注：第一次全国污染源普查资料计算依据

2. 冲洗水用量

按干清粪工艺估算冲洗用水，一般种公猪、哺乳母猪和后备母猪平均为12千克／天、育成猪（大）为8千克／天、生长猪为6千克／天。

3. 沼气池容积建设标准

沼气池建设容积与生猪存栏数和气温有一定的关系。福建省的建设标准一般为：生猪存栏数为200～500头的按每5～6头建1立方米沼气池；存栏数为500～1000头的按每6～7头建1立方米沼气池；存栏数为1000头以上的按7～9头建1立方米沼气池。

4. 生态养猪数量与土地配比

生猪生态养殖主要是按照种养平衡的原则配套土地面积，土地的承载力与土壤肥力和耕作指数有一定的关系。目前，国家还没有统一标准的生猪养殖数量与土地配比数据，下面是部分省份生猪养殖数量与土地配比数据：江西省生猪养殖数量与土地配比为"猪-沼-油"的养猪规模与油菜园面积科学配比为4∶1，"猪-沼-茶"的养猪规模与茶园面积科学配比为6∶1，"猪-沼-菜"的养猪规模与菜园面积科学配比为8∶1，"猪-沼-草"的养猪规模与草地面积科学配比为10∶1；福建省生猪养殖数量与土地配比为菜地45～90头／公顷，柑橘园60～75头／公顷，香蕉园30～35头／公顷，狼尾草地75～120头／公顷，黑麦草地30～35头／公顷，林地15～30头／公顷，茶园30～35头／公顷，水稻田30～40头／公顷。

（三）必要的设施设备

1. 贮粪池

按《畜禽粪便贮存设施设计要求》（GB/T 27622—2011）建造贮粪池，贮粪池要分间设计，顶部设置雨棚，地面要防水、防漏，周围设置排雨水沟。各猪场应根据粪便贮存时间及生猪养殖规模确定建造容积，一般为每存栏 20 头生猪粪便贮存 1 个月建 1 立方米贮粪池。

2. 固液分离设备

主要是对进入厌氧发酵池之前污水进行固液分离，分离的固体进入贮粪池，分离的液体进入沼气池（图 4-22）。

图 4-22　固液分离机

3. 贮液池

按《畜禽养殖污水贮存设施设计要求》（GB/T 26624—2011）建造贮液池，内壁和底面做防渗处理，贮液池容量大小应根据各猪场配套条件不同而不同，即贮液池（有顶棚）的总容量不低于农林作物生产用肥的最大间隔时间内养猪场排放沼液的总量（图 4-23）。

图 4-23　贮液池

4. 灌溉管网系统

猪场要在田间、果林地等铺设管网灌溉系统，把贮液池的液肥输送到田间、果林地等。

（四）辅助设施

实现生猪生态养殖很重要的一条就是减少粪污产生量，降低后处理压力，减少后续处理设施。要实现减少粪污产生量目的，就要从猪场设计、生产工艺、养殖技术等方面作必要的改进。主要措施有以下三点。

1. 雨污分离

猪场建设时，修建双排水沟，一条作雨水沟，用于收集雨水，一般采用明沟。一条作污水沟，用于收集粪尿污水，一般采用暗沟，且只让污水进入处理设施。

2. 粪尿分离

漏缝地板，干清粪工艺。

3. 改进冲洗设施

采用节水的冲洗设备，如高压水冲洗，减少污水量（图4-24）。

图 4-24 高压水冲洗

（五）沼气、沼液、沼渣利用主要方式

1. 沼气综合利用主要方式（图4-25）

①作燃料；②发电。

 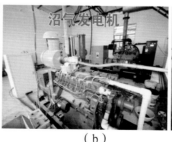 

（a） （b） （c）

a. 沼气蒸饭；b. 沼气发电；c. 沼气保温

图 4-25 沼气利用措施

2. 沼渣综合利用主要方式

①用作肥料；②配制营养土；③制作人工基质；④牛场垫料。

3. 沼液综合利用主要方式

①作沼液肥用；②沼液浸种；③沼液叶面施肥。

三、成效与案例

案例一：福建省福清市星源农牧业开发有限公司"猪-沼-果（菜）-鱼"生态养殖模式

福建省福清市星源农牧科技股份有限公司依据循环农业的"减量化、再利用、资源化"原理（简称3R），建立"猪-沼-果（菜）-菌-肥-鱼"生态养殖模式，走"生猪养殖、沼气发电、发电余热用于生产生活、有机肥生产、沼液种植施肥、猪粪沼渣用于食用菌生产、沼液鱼塘养殖"生态循环立体种养发展道路。公司现存栏生猪15000多头，年出栏商品猪30000多头。公司沼气工程年可产沼气50多万立方米，发电量达70多万千瓦•小时，猪场年节约电费40多万元。年产有机肥30000吨，有机-无机复混肥10000吨，增加产值2500多万元。用沼液喷灌水果、牧草、蔬菜等，年节约肥料成本30多万元，年增加产值600多万元。沼液养鱼，年增加产值30多万元；利用猪粪和沼渣栽培双孢蘑菇2万平方米，替代干牛粪100吨，节约牛粪成本约10万元，增加产值120万元。年减少COD（化学需氧量）排放700吨，减少CO_2排放700吨。

案例二：北方猪场沼气工程与有机肥生产实例介绍

1. 猪场概况

哈尔滨鸿福养殖有限责任公司，位于黑龙江省哈尔滨市呼兰区孟家乡和平村。公司占地120000平方米，猪舍建筑面积50000平方米，存栏可繁母猪1200头，存栏生猪16000头，年出栏种猪和商品猪24000头。

猪场年产生猪粪约1.067万吨、污水4.5万吨。

2. 猪场粪污收集

猪场采用人工干清粪方式，人工清出的干粪直接用农用车（图4-26）运输至防渗漏粪便晾晒场进行晾晒（图4-27）后，进入发酵车间进行堆肥处理生产有机肥。

图4-26　干清粪运输车

图4-27　防渗漏粪便晾晒场

3. 猪场液体粪污进行沼气工程系统处理

该猪场日产液体粪污 200 吨，经过管道排出猪舍后进入酸化调节池，然后用污泥泵抽入红泥塑料厌氧发酵袋（1600 立方米）（图 4-28）中进行沼气发酵。由于北方气温低，尤其是冬季低温极不利于厌氧发酵，为此，猪场将厌氧发酵池建造在温室中，充分利用太阳能对发酵池进行加温和保温，确保其在低温环境条件下正常运行，液体粪污在红泥塑料厌氧发酵袋中停留 48 小时，产生的沼气进入储气罐，储气罐容积为 200 立方米。

液体粪污经过厌氧发酵产生沼气，沼气量虽随季节有所变化，但由于温室具有较好的吸热和保温效果，沼气量的全年变化幅度并不大：夏季日产沼气 1250 立方米、冬季日产沼气量约 1140 立方米，年产沼气 43.62 万立方米。

沼气工程所产生的沼气用于猪舍取暖、照明、洗浴及炊事等生活燃料气。

沼液经过三级沉淀后作为液体肥料用于蔬菜和农作物生产。沼液首先在一级贮存池中存留 10 天，之后进入二级贮存池并在其中停留 10 天（图 4-29），然后进入三级贮存池并在其中停留 10 天。为了避免沉淀池冬季结冰和确保沉淀过程的生物氧化效果，沉淀池也建造成地下式，借助地热保温。

图 4-28　红泥塑料厌氧发酵袋

图 4-29　北方地下式沉淀池

经过沉淀处理后的沼液直接用于本公司温室蔬菜种植（图 4-30）和周边农田的农作物生产。

图 4-30　有机蔬菜大棚

4. 猪粪槽式发酵生产有机肥

新鲜猪粪和沼渣采用深槽好氧发酵工艺生产有机肥,场内建有 500 平方米猪粪晾晒场,6000 平方米发酵车间（图 4-31）,车间长 250 米、宽 24 米,高 4.5 米,用于粪便、沼渣无害化处理和二次腐熟、成品贮藏。

图 4-31　有机肥生产车间

猪粪和沼渣堆肥过程中,采用翻堆机翻堆,根据发酵温度确定翻堆机运行次数。堆肥过程中堆垛中心温度可达到 60℃以上,能有效杀灭粪污中病原微生物和寄生虫卵,不生蛆蝇;发酵 15 天左右,转入二次发酵,继续腐熟转化为有机肥料。该设施年处理 5000 吨,转化有机肥 1600 多吨。

5. 经济效益分析

该场的粪污处理设施投资合计约 480 万元,其中,沼气发酵工程投资 240 万元,有机肥工程投资 240 万元;沼气用于猪舍取暖以及猪场生活燃气,年节约电费约 40 万元,有机肥年收入 80 万元,4～5 年可回收投资成本。

第五章　母猪繁殖障碍性疾病综合防制技术

一、技术概述

母猪繁殖障碍性疾病又称繁殖障碍综合征，是指由各种病因导致母猪发生流产、早产、产死胎、木乃伊胎、无活力的弱仔、畸形胎、少仔和不发情、屡配不孕等为主要特征的一类疾病。随着养猪业规模化的发展，此类疾病已成为大中型猪场最重要的疾病之一，造成巨大经济损失。

母猪繁殖障碍是一个综合症状，其病因非常复杂，可分为传染性因素（感染病原体）和遗传、营养、环境、毒素等非传染性因素两大类。非传染性因素中，既有母猪遗传性疾病或母猪生殖器官发育不全等先天原因，也有后天疾病或营养失调、管理不善等造成的子宫内膜炎、难产、肢蹄病、应激类疾病、断奶后不发情、配种后不受胎等。此外，由于霉菌毒素中毒、某些维生素和微量元素缺乏、饲喂冰冻饲料、机械性损伤、妊娠期间药物使用不当或药物中毒等，也都能引起母猪繁殖障碍。

在传染性因素中有病毒、细菌和寄生虫等，当前母猪繁殖障碍性疾病主要由病毒引起。能够引起母猪繁殖障碍性疾病的病毒性因素主要包括猪瘟（Classical Swine Fever, CSF）、猪繁殖与呼吸障碍综合征，简称蓝耳病（Porcine Reproductive and Respiratory Syndrome, PRRS）、猪细小病毒病（Porcine Parvovirus, PPV）、猪伪狂犬病（Swine Pseudorabies, PR）、日本乙型脑炎（Japanese Encephalitis, JE）、猪圆环病毒病（Ⅱ型）（Porcine Circovirus, PCV2）等。在生产实践中，有些繁殖障碍可能不是单纯由某一原因引起的。

二、主要内容

（一）母猪繁殖障碍性疾病的主要症状

1. 流产

胎儿未完成发育前产出，产出的胎儿死亡或产后不久死亡。母猪流产前多无任何表现或有短时间的体温升高、食欲消失等症状，但很快恢复。早期流产（在妊娠30天以前流产）如猪细小病毒、猪瘟病毒等早期感染，胚胎会被吸收而出现不规则的重新发情。经典型蓝耳病在妊娠后期（107～112天）引起晚期流产；延期流产指超出预产期若干天产出已死胎儿（图5-1）。

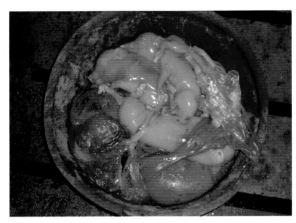

图 5-1　流产

2. 早产

早产指提前 15 天以上产出不足月活仔猪者。一般早产的胎儿表现体重小、营养状况欠佳，活力差。

3. 弱仔

母猪分娩正常，但往往有部分或全部新生仔猪活力甚弱，不吃奶或拱奶无力，不能站立或呆立、哀鸣、发抖，有的腹泻、体温正常或稍低，常于出生后 1～3 天后死亡（图 5-2）。

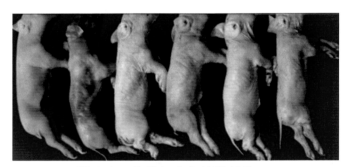

图 5-2　死胎与死亡的弱仔猪

4. 死胎

胎儿在子宫内已完成发育，已接近怀孕末期或怀孕期满或推迟若干天产出的已死胎儿。一般常于产出前几天死亡，故其大小与同窝的活仔猪相同，眼睛下陷。由于从未呼吸过，所以肺组织在水中下沉。有的产前十多天已无胎动。一般分娩顺利。在产出活仔过程中，交替产出死亡的仔猪或产出的全部是死亡仔猪。

5. 胎儿干尸化（木乃伊胎）

母猪妊娠期正常，分娩顺利。在产活仔或死胎过程中，伴随有一个或数个干尸化胎儿，有的全部是干尸胎儿。胎儿肢体干缩，但形体可辩，呈棕黄、棕褐或灰黑色，胎膜污灰色，常有腐臭味。有的母猪妊娠期大大超过仍无分娩迹象。胎儿干尸化产生的原因是胎儿开始形成钙质以后（35 天以后）的任何阶段造成死亡，胎儿被母体吸收脱水而形成木乃伊。

6. 死胚

在怀孕 35 天之内，胚胎骨骼未形成钙质前死亡，它们可能完全流产，如在受孕后 10 天之内，在胚胎定植于子宫之前完全死亡，母猪则在正常发情期稍后几天重新发情。

7. 产仔不足

母猪妊娠正常，但产仔数在 5 头以下，多为胚胎于早期（妊娠 35 天以前）感染死亡后被母体吸收所致。

8. 畸形胎儿

母猪产出形体异常的仔猪，多已死亡。也较常见到个体较正常大 1～2 倍者，多见于患乙脑、猪瘟等病猪所产生的仔猪。

9. 发情异常或屡配不孕

母猪在繁殖年龄内数月不发情，发情周期紊乱或按正常周期发情，即使在专职有经验人员指导下，屡次配种不能受孕者。如为病毒性病因所致，常因胎儿骨骼已钙化后的任何阶段受感染而全部致死，既不产出，也不能完全吸收，这样会造成母猪持久不孕。细菌性病因引起流产的母猪，有些病例因胎衣不下而致子宫炎，结果也造成不孕。另外，如母猪过肥，缺乏运动，营养失调，雌激素分泌不足，霉菌毒素中毒等也导致不发情或不排卵。

10. 滞后产

怀孕期满而不产仔或延长数天或十多天产仔，常见乙脑等病。

（二）母猪繁殖障碍性病毒性疾病

常见的能够引起母猪繁殖障碍性病毒性疾病主要包括猪瘟、猪繁殖与呼吸障碍综合征、猪细小病毒病、猪伪狂犬病、日本乙型脑炎、猪圆环病毒病（Ⅱ型）等，这些疾病给养猪生产带来巨大的经济损失。

1. 猪瘟（Classical Swine Fever，CSF）

又称"带毒母猪综合征"，一般指怀孕母猪感染低毒力和中等毒力猪瘟病毒后，能引起潜伏性感染，自身不表现出临床症状，但病毒可通过胎盘感染胎儿。这种先天性感染经常导致母猪流产或产死胎、滞留胎，木乃伊胎、畸形胎、弱仔或震颤的仔猪，弱仔多在 2～3 天死亡。

（1）临床症状

自然感染的潜伏期常为 3～6 天，时间有延长到 24 天的。典型病例表现为最急性、急性、亚急性或慢性病程，死亡率高。最急性型较少见，病猪体温升高，常无其他症状，1～2 天内死亡。急性型最常见，体温可上升到 41℃以上，食欲减退或消失，可发生眼结膜炎并有脓性分泌物，鼻腔也常流出脓性黏液，间有呕吐，有时排泄物中带血液，甚至便血。初期耳根、腹部、股内侧的皮肤常有许多点状出血或较大红点（图5-3）。病程一般为 1～2 周，最后绝大多数死亡。亚急性型常见于本病流行地区，病程可延至 2～3 周；有的转为慢性，常拖延 1～2 个月。表现黏膜苍白，眼睑有出血点。皮肤出现紫斑，病猪极度消瘦。死亡以仔猪为多，成年猪有的可以耐过。非典型病猪临诊症状不明显，呈慢性，常见于"架子猪"。

（2）病理剖检

剖检时急性型以出血性病变为主，常见肾皮质和膀胱黏膜中有小点出血；肠系膜淋巴结肿胀，常出现出血性肠炎，以大肠黏膜中的钮扣状溃疡为典型；肾针点状出血，腹腔积液、全身淋巴结边缘出血，切面呈大理石样；喉头出血，脾脏边缘有梗死（图5-4至图5-6）。

图 5-3　耳根部及皮下出血

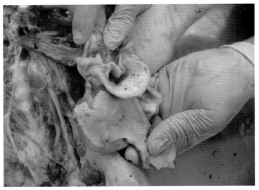

图 5-4　喉头出血

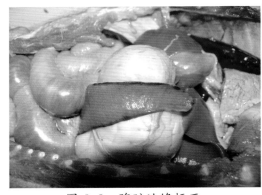

图 5-5　脾脏边缘梗死

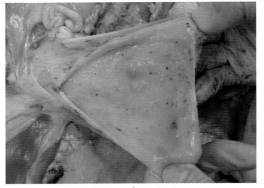

图 5-6　膀胱出血

（3）防控措施

①坚持自繁自养，采用全进全出的饲养管理制度；做好猪场、猪舍的隔离、卫生、消毒和杀虫工作，减少猪瘟病毒的侵入；及时淘汰隐性感染带毒种猪。

②疫苗免疫。仔猪出生后20～25天首免，60天左右二免。

新生的仔猪实行乳猪超前免疫（又称零时免疫），方法为：仔猪出生后，在没有喂奶之前进行猪瘟疫苗的注射，剂量为1～1.5头份，注疫苗后1小时再给仔猪喂奶。实施乳猪超前免疫的仔猪，在45天进行1次2头份/头的猪瘟疫苗注射，可以保护育肥猪在整个饲养期内不发生猪瘟。应该注意的是，乳猪的超前免疫工作应在仔猪出生后3小时以内做完。并且疫苗的剂量不要加大，以免发生过敏，有注射疫苗后过敏的仔猪，应用肾上腺素解救。

种用公母猪，每半年1次的猪瘟疫苗的注射，剂量为4头份/头。也可以在母猪配种前，注射猪瘟疫苗。母猪在妊娠前期40天内，不要注射猪瘟疫苗，特别是注射大剂量的猪瘟疫苗，会透过母猪的胎盘，对胚胎期的仔猪造成隐性感染。

③开展疫苗免疫后抗体监测。每年 2 次，全部种猪群（生产公、母猪），生长猪按照一定比例采血，对疫苗免疫后的抗体进行监测，采用酶联免疫吸附试验或正向间接血凝试验检测疫苗免疫后抗体情况，对监测结果结合生产情况进行分析，及时发现及解决生产中的问题。

（4）治疗方法

①进行猪瘟疫苗的主动免疫。

确诊为猪瘟后，应该迅速的进行全群猪的紧急猪瘟疫苗免疫。免疫的剂量为每头猪 4 头份。在使用疫苗的同时，应该使用猪用的基因工程白细胞干扰素进行注射。实践证明，猪用的基因工程干扰素与猪瘟疫苗同时使用，可以加快病猪猪瘟特异抗体的产生过程，并且可以非特异全面提高猪体液抗体的水平。

②使用抗生素、退热药进行猪瘟并发和继发疾病的对症治疗。

因为在猪瘟发生后，往往并发其他猪的细菌病、原虫病，所以在紧急免疫的同时，应该同时使用抗生素进行猪瘟的并发症的对症治疗；如倍能（孕畜禁用），强效菌毒杀，混感专家等。出现高热现象的病猪，应该使用氨基比林、安乃近、柴胡细辛注射液等做退热治疗。同时用瘟毒康和阿莫西林拌料，连用 7 天。

③使用猪用的免疫球蛋白进行治疗。

猪用的免疫球蛋白作为一种被动抗体的补充，用于猪瘟病猪的治疗，经过一段时间的大面积使用，证明治疗结果是确切的。猪用的免疫球蛋白和猪用的基因工程干扰素不但可以用来治疗猪瘟，同时也可以用来控制和治疗其他猪的病毒性传染病。应注意的是，采用此类的药物治疗猪病时，一定要选用同种同源的基因工程产品。

④使用中草药制剂、维生素制剂进行辅助治疗。

在治疗的过程中，正确使用增进免疫的中草药制剂、维生素制剂进行治疗，可以增强病猪的体质，促进病猪病情的康复，对病猪尽快恢复健康有很大的帮助。

综上所述，猪瘟是一种严重影响养殖生产的猪病。目前本病还没有十分有效的药物来治疗，已经证明免疫接种是防治猪瘟的主要措施。所以，应该以猪瘟疫苗的免疫接种为主，配合其他的一些综合措施，才能取得综合防治的效果。

2. 猪繁殖与呼吸障碍综合征（Porcine Reproductive and Respiratory Syndrome，PRRS）

（1）病原

猪繁殖与呼吸障碍综合征，俗称猪蓝耳病，有高致病性蓝耳病与经典型蓝耳病之分，属于冠状病毒科动脉炎病毒属，为有囊膜呈 20 面体或球形的 RNA 病毒。可从死胎、弱仔血液、肺、脾等分离此病毒，只能在猪肺泡巨噬细胞培养物上生长繁殖，并产生细胞病变。各毒株间的毒力差异较大，致发病猪的症状和病变亦有所不同。

（2）流行特点

①只感染猪，不同品种、年龄、性别的种猪、繁殖母猪、仔猪均易感染发病，育肥猪发病较温和，其他动物不易感。本病病猪、康复猪、隐性带毒猪、病死猪是本病的主要传染源，可经呼吸道、胎盘、交配等途径传播。带毒鼠类亦可传播。高温、低温、营养缺乏、管理失误、卫生防疫差时，均易促进本病发生。

②该病具有高度传染性、传播快、发病率高的特点，常呈暴发流行或地方性流行。后备母猪和育肥猪病死率较低，而新生仔猪、哺乳仔猪、断乳仔猪等病死率高。

（3）临床症状及病理变化

具有高度传染性，大批发病母猪出现 41℃ 以上持续高热、厌食、流产（流产率可达 30% 以上）、多产死胎、木乃伊胎、弱仔等，重者可引起母猪死亡。发病猪不分年龄段均出现急性死亡。仔猪出现呼吸系统症状和高发病率、高死亡率。发病率可达 100%，死亡率可达 50% 以上。死亡仔猪主要病变为间质性肺炎。此病还是一种免疫抑制性疾病，猪场一旦出现该病的流行，猪群的死淘率会出现明显上升。

（4）预防措施

①养猪场户应坚持自繁自养、全进全出、封闭式饲养管理制度，强化饲料营养，喂全价优质料，细化各类猪群饲养管理，应特别注意繁殖母猪和仔猪的养护，减少各种应激因素对猪群的影响。

②严格进行生猪检疫和防疫。有条件场户应对猪的主要疫病进行抗体监测，及时防控可能发生的疫病。

③严格把好引种购猪关，不准从疫区疫场引猪。从健康场户引购猪前应对猪群进行观察和检疫，合格猪回场后应隔离观察饲养 3～4 周，坚持测温和临床检查，及时补注相关疫苗，确认无病后方可混群。

④加强猪场工作人员防疫知识培训，牢固树立防重于治观念，严格落实猪场卫生管理和防疫措施，加强消毒，消灭蚊蝇鼠害，注意病死猪、粪尿、污水、污染物、垃圾的无害化处理。

⑤加强疫苗免疫。猪蓝耳病流行地区养猪场户的繁殖母猪、妊娠母猪、种公猪、仔猪、后备猪均需用猪蓝耳病蜂胶疫苗或猪蓝耳圆环二联疫苗进行本病免疫（7～10 天仔猪每头 2 毫升，150 天的后备猪每头 4 毫升，母猪和种公猪每隔 6 个月注苗 1 次，每头 4 毫升）。并根据当地常发疫病，按科学免疫程序，有针对性地进行猪瘟、口蹄疫、伪狂犬病、细小病毒病、乙脑、流感、圆环病毒病、传染性胃肠炎、流行性腹泻、气喘病、链球菌病、肺疫、副伤寒、丹毒、传染性胸膜肺炎及猪副嗜血杆菌病等疫苗免疫，以免发生猪蓝耳病与其他猪病混染症。

（5）控制和扑灭措施

①场（户）发生猪蓝耳病与混染症后，应立即封锁，严格消毒，猪群进行测温体检观察，认真进行病健猪分群。假定健康猪应加强饲养管理，立即选用相关疫苗或自家疫苗进行强化免疫；淘汰重病猪，检出阳性母猪和仔猪不做种用，隔离单养，可淘汰育肥，进行抢救性治疗。

②对病死猪、流产胎儿、胎衣、环境污染物、剩料、粪尿、垃圾、污水等进行无害化处理，严格消毒。

③对发生高致病性猪蓝耳病出现批量死亡的猪群进行全群扑杀，并做无害化处理，严格消毒，彻底消除传染源，防止疫病扩散。

④抢救措施：猪蓝耳病属免疫抑制病和繁殖障碍症，感染后猪体免疫力明显降低，易遭其他病毒和细菌侵害，而引发两病、三病、四病混染症，并迅速扩及全群发病，因此，

应及时进行猪病诊断和实验室检验，力争做到早发现、早确诊、早抢救。对假定健康猪进行强化免疫和必要的药物保健。在严格隔离条件下，应用药敏试验选出高敏药、高免血清、自家疫苗进行猪病防制与抢救。

3. **猪细小病毒病**（Porcine Parvovirus，PPV）

猪细小病毒病又称猪繁殖障碍病，是由猪细小病毒引起的一种猪的繁殖障碍病，以怀孕母猪发生流产、死产、产木乃伊胎为特征。

（1）流行病学

各种不同年龄、性别的家猪和野猪均易感。传染源主要来自感染细小病毒的母猪和带毒的公猪，后备母猪比经产母猪易感染，病毒能通过胎盘垂直传播，感染母猪所产的死胎、仔猪及子宫内的排泄物中均含有很高滴度的病毒，而带毒猪所产的活猪可能带毒排毒时间很长甚至终生。感染种公猪也是该病最危险的传染源，可在公猪的精液、精索、附睾、性腺中分离到病毒，种公猪通过配种传染给易感母猪，并使该病传播扩散。

仔猪、胚胎、胎猪通过感染母猪发生垂直感染；公猪、肥育猪和母猪主要是由污染的饲料、环境经呼吸道、生殖道或消化道感染；初产母猪的感染多数是经与带毒公猪配种时发生的；鼠类也能传播本病。

本病具有很高的感染性，易感的健康猪群一旦病毒传入，3个月内几乎可导致猪群100%感染；感染群的猪只，较长时间保持血清学反应阳性。本病多发生于春、夏季节或母猪产仔和交配季节。母猪怀孕早期感染时，胚胎、胎猪死亡率可高达80%～100%。母猪在怀孕期的前30～40天最易感染，孕期不同时间感染分别会造成死胎、流产、木乃伊、产弱仔猪和母猪久配不孕等不同症状。病毒的感染率与动物年龄呈正比。

（2）临床症状及病理变化

怀孕母猪出现繁殖障碍，如流产、死胎、产木乃伊胎、产后久配不孕等。其他猪感染后不表现明显的临床症状。猪群暴发此病时常与木乃伊、窝仔数减少、母猪难产和重复配种等临床表现有关。在怀孕早期30～50天感染，胚胎死亡或被吸收，使母猪不孕和不规则地反复发情。怀孕中期50～60天感染，胎儿死亡之后，形成木乃伊，怀孕后期60～70天以上的胎儿有自身免疫能力，能够抵抗病毒感染，大多数胎儿能存活下来，但可长期带毒。

病变主要在胎儿，可见感染胎儿充血、水肿、出血、体腔积液、脱水（木乃伊化）及坏死等病变。

（3）预防措施

本病目前尚无有效治疗方法，主要采取预防措施。可对种猪，特别是后备种猪进行疫苗接种预防本病。

原则上实行自繁自养，防止将病毒猪引入无本病的猪场，从场外引进动物时，须选自非疫区的健康动物群，进行猪细小病毒病的血凝抑制试验；进场后进行定期隔离检疫，确认健康时方能混群饲养或配种。

发生疫情时，首先应隔离疑似发病动物，尽快做出确诊，划定疫区，进行封锁，制订扑灭措施。作好全场特别是污染猪舍的彻底消毒和清洗。病死动物的尸体、粪便及其他废弃物应进行深埋或高温消毒处理。

4. 猪伪狂犬病（Swine Pseudorabies，PR）

（1）病原

伪狂犬病毒属于疱疹病毒科（Herpesviridae）、猪疱疹病毒属，病毒粒子为圆形，直径 150 ～ 180 纳米，核衣壳直径为 105 ～ 110 纳米。病毒粒子的最外层是病毒囊膜，它是由宿主细胞衍生而来的脂质双层结构。其是疱疹病毒科中抵抗力较强的一种，只有一个血清型，不同毒株在毒力和生物学特征等方面存在差异。

（2）流行病学

伪狂犬病毒在全世界广泛分布。伪狂犬病自然发生于猪、牛、绵羊、犬和猫，另外，多种野生动物、肉食动物也易感。猪是伪狂犬病毒的贮存宿主，病猪、带毒猪以及带毒鼠类为本病重要传染源。

在猪场，伪狂犬病毒主要通过已感染猪排毒而传给健康猪，另外，被伪狂犬病毒污染的工作人员和器具在传播中起着重要的作用。而空气传播则是伪狂犬病毒扩散的最主要途径，但到底能传播多远还不清楚。在猪群中，病毒主要通过鼻分泌物传播，另外，乳汁和精液也是可能的传播方式。

除猪以外的其他动物感染伪狂犬病毒后，其结果都是死亡。猪发生伪狂犬病后，其临诊症状因日龄而异，成年猪一般呈隐性感染，怀孕母猪可导致流产、死胎、木乃伊胎和种猪不孕等综合征候群。15 天以内的仔猪发病死亡率可达 100%，断奶仔猪发病率可达 40%，死亡率 20% 左右；对成年肥猪可引起生长停滞、增重缓慢等。

伪狂犬病的发生具有一定的季节性，多发生在寒冷的季节，但其他季节也有发生。

（3）临床症状

各种家畜和野生动物均可感染发病，以发热、脑脊髓炎为主要症状（图 5-7 至图 5-10）。怀孕母猪感染后，病毒通过胚胎传染并致死胚胎和胎儿，出现流产和产死胎、木乃伊胎，尤其以产死胎（大小相差不显著、较新鲜、无畸形胎）较为多见，不论初产母猪还是经产母猪均可发生，流产率达 20% ～ 50%。仔猪感染后可表现有明显的神经症状，呼吸困难、体温升高、下痢等。两周龄内仔猪感染后死亡率高达 100%。

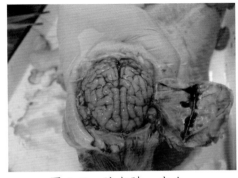

图 5-7　脑水肿、出血

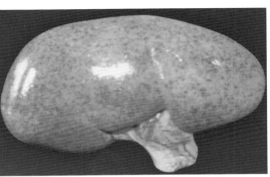

图 5-8　肾弥漫性出血

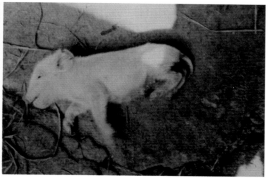

图 5-9　流产、死胎　　　　图 5-10　仔猪腹泻、死亡前游泳状、鸣叫

（4）病理变化

伪狂犬病毒感染一般无特征性病变。眼观主要见肾脏有针尖状出血点，其他肉眼病变不明显。可见不同程度的卡他性胃炎和肠炎，中枢神经系统症状明显时，脑膜明显充血，脑脊髓液量过多，肝、脾等实质脏器常可见灰白色坏死病灶，肺充血、水肿和坏死点。子宫内感染后可发展为溶解坏死性胎盘炎。

组织学病变主要是中枢神经系统的弥散性非化脓性脑膜脑炎及神经节炎，有明显的血管套及弥散性局部胶质细胞坏死。在脑神经细胞内、鼻咽黏膜、脾及淋巴结的淋巴细胞内可见核内嗜酸性包涵体和出血性炎症。有时可见肝脏小叶周边出现凝固性坏死。肺泡膈核小叶质增宽，淋巴细胞、单核细胞浸润。

（5）诊断鉴别

根据疾病的临诊症状，结合流行病学，可做出初步诊断，确诊必须进行实验室检查（包括病原分离、组织切片、PCR 及血清学检测等）。同时要注意与猪细小病毒、流行性乙型脑炎病毒、猪繁殖与呼吸综合征病毒、猪瘟病毒、弓形虫及布鲁氏菌等引起的母猪繁殖障碍相区别。

（6）防治措施

①预防：本病主要应以预防为主，对新引进的猪要进行严格的检疫，引进后要隔离观察、抽血检验，阳性者隔离，以后淘汰。以 3～4 周为间隔反复进行，一直到两次试验全部阴性为止。另外一种方式是培育健康猪，母猪产仔断乳后，尽快分开，隔离饲养，每窝小猪均需与其他窝小猪隔离饲养。到 16 周龄时，做血清学检查（此时母源抗体转为阴性），所有阳性猪淘汰，30 天后再做血清学检查，把阴性猪合成较大群，最终建立新的无病猪群。

母猪配种前及临产前 1 个月左右预防注射疫苗。育肥猪或断奶猪也应在 2～4 月龄时用活苗或灭活苗免疫，如果只免疫种猪，育肥猪感染病毒后可向外排毒，直接威胁种猪群。

猪场要进行定期严格的消毒措施，最好使用 2% 的氢氧化钠（烧碱）溶液或酚类消毒剂。其粪尿应放入发酵池或沼气池处理，以免扩大传染本病。

在猪场内要采取严格的灭鼠措施，同时，还要严格控制犬、猫、鸟类和其他禽类进入猪场。

一旦发生疫情，除了严格消毒外，还应用些黄金肽和头孢拉定或圆蓝混感康和头孢拉定拌料，连用 7 天，防止继发感染。

②治疗：本病目前无特效治疗药物，对感染发病猪可注射猪伪狂犬病高免血清，它对断奶仔猪有明显效果，同时应用正源聚抗注射液和菌毒克星或克毒星和百特先锋治疗。对未发病受威胁猪进行紧急免疫接种。

由病毒引起的繁殖障碍病治疗使用常规药物效果不佳，防治要采取加强饲养管理等综合措施。

5. 日本乙型脑炎 (Japanese Encephalitis，JE)

日本乙型脑炎又名流行性乙型脑炎，是由日本乙型脑炎病毒引起的一种急性人兽共患传染病，主要以母猪流产、死胎和公猪睾丸炎为特征。

（1）流行病学

乙型脑炎是自然疫源性疫病，许多动物感染后可成为本病的传染源，猪的感染最为普遍。本病主要通过蚊的叮咬进行传播，病毒能在蚊体内繁殖，并可越冬，经卵传递，成为翌年感染动物的来源。由于经蚊虫传播，因而流行与蚊虫的孳生及活动有密切关系，有明显的季节性，80% 的病例发生在 7～9 这 3 个月；初产母猪多发，除怀孕母猪流产和产死胎外，公猪睾丸肿大。死亡的胎儿大小形态各异，个别的也有正常的活仔混合存在。最大特点是死亡胎儿脑组织液化，脑腔有积水，俗称"空脑"。

（2）临诊症状

猪只感染乙脑时，临诊上几乎没有脑炎症状的病例；猪常突然发生，体温升至 40～41℃，稽留热，病猪精神萎靡，食欲减少或废绝，粪干呈球状，表面附着灰白色黏液；有的猪后肢呈轻度麻痹，步态不稳，关节肿大，跛行；有的病猪视力障碍；最后麻痹死亡。妊娠母猪突然发生流产，产出死胎、木乃伊胎和弱胎，母猪无明显异常表现，同胎也见正产胎儿。公猪除有一般症状外，常发生一侧性睾丸肿大，也有两侧性的，患病睾丸阴囊皱襞消失、发亮，有热痛感，约经 3～5 天后肿胀消退，有的睾丸变小变硬，失去配种繁殖能力。如仅一侧发炎，仍有配种能力（图 5-11）。

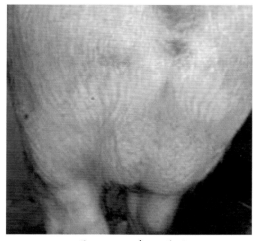

图 5-11　睾丸萎缩

（3）病理变化

流产胎儿脑水肿，皮下血样浸润，肌肉似水煮样，腹水增多；木乃伊胎儿从拇指大小到正常大小；肝、脾、肾有坏死灶；全身淋巴结出血；肺瘀血、水肿。子宫黏膜充血、出血和有黏液。胎盘水肿或见出血。公猪睾丸实质充血、出血和小坏死灶；睾丸硬化者，体积缩小，与阴囊粘连，实质结缔组织化（图5-12、图5-13）。

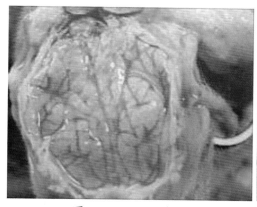

图 5-12　脑水肿

图 5-13　胎衣出血

（4）防治方法

①预防。对于没有疫情的猪场，应对后备母猪在5~6月龄注射弱毒苗或灭活苗，每年2次，其他猪应在流行季节来临前1个月注射灭活苗。对于有疫情的猪场把小母猪赶入关养过阳性猪的栏圈内饲养。饲喂阳性猪的新鲜粪便，使其通过感染而建立主动免疫力，以免在首次怀孕时感染而引起繁殖障碍，也有将木乃伊胎猪捣碎喂小母猪的。母猪在配种前几周注射疫苗，一般要求母源抗体转阴之后注苗。灭活苗安全有效，免疫期4个月以上，可防止母猪经胎盘使胎猪感染PPV，经产母猪和公猪也应接种疫苗，以减少带毒和排毒。一旦发生疫情，还要用瘟毒康和高热混感清或黄金散和混感双效拌料，连用7天，预防继发感染。

②治疗。无治疗方法，一旦确诊最好淘汰。

6. 猪圆环病毒病（Ⅱ型）(Porcine Circovirus，PCV2)

猪圆环病毒是迄今发现的一种最小的动物病毒。现已知PCV有两个血清型，即PCV1和PCV2。PCV2为致病性的病毒，它是断奶仔猪多系统衰竭综合征（Postweaning Multisystemic Wasting Syndrome，PMWS）的主要病原。本病最早发现于加拿大（1991），很快在欧美及亚洲一些国家包括我国发生和流行，除PMWS外，PDNS（猪皮炎与肾病综合征）、PNP（增生性坏死性肺炎）、PRDC（猪呼吸道疾病综合征）、繁殖障碍、先天性颤抖、肠炎等疾病亦与PCV2感染有重要关联。

（1）流行病学

一般于断奶后2~3天或1周开始发病，急性发病猪群中，病死率可达10%，耐过猪后期发育明显受阻。但常常由于并发或继发细菌或病毒感染而使死亡率大大增加，病死率可达25%以上。血清学调查表明，PCV在世界范围内流行。

猪对 PCV2 具有较强的易感性，感染猪可自鼻液、粪便等废物中排出病毒，经口腔、呼吸道途径感染不同年龄的猪。怀孕母猪感染 PCV2 后，可经胎盘垂直传播感染仔猪。

（2）临床症状

PCV2 侵害猪体后引起多系统进行性功能衰弱，在临床症状表现为生长发育不良和消瘦、皮肤苍白、肌肉衰弱无力、精神差、食欲不振、呼吸困难。另外，可引起延期流产和增加死胎率或产震颤仔。在 PRRS 阳性猪场中，由于继发感染，还可见有关节炎、肺炎等，这给诊断带来难度。

（3）病理变化

①剖检病变。本病主要的病理变化为患猪消瘦，贫血，皮肤苍白，黄疸（疑似 PMWS 的猪有 20% 出现）；淋巴结异常肿胀，内脏和外周淋巴结肿大到正常体积的 3～4 倍，切面为均匀的白色；肺部有灰褐色炎症和肿胀，呈弥漫性病变，比重增加，坚硬似橡皮样；肝脏发暗，呈浅黄到橘黄色外观，萎缩，肝小叶间结缔组织增生；肾脏水肿（有的可达正常的 5 倍），苍白（图 5-14、图 5-15）。

图 5-14　肾被膜下有大量白色坏死灶

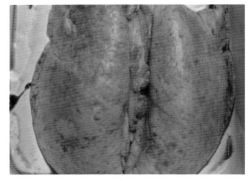
图 5-15　肺有弥漫性出血点

②组织学病变。病变广泛分布于全身器官、组织，广泛性的病理损伤。肺有轻度多灶性或高度弥漫性间质性肺炎；肝脏有以肝细胞的单细胞坏死为特征的肝炎；肾脏有轻度至重度的多灶性间质性肾炎；心脏有多灶性心肌炎。在淋巴结、脾、扁桃体和胸腺常出现多样性肉芽肿炎症。PMWS 病猪主要的病理组织学变化是淋巴细胞缺失。

（4）诊断

本病的诊断必须将临床症状、病理变化和实验室的病原或抗体检测相结合才能得到可靠的结论。最可靠的方法为病毒分离与鉴定。

（5）防治措施

本病无有效的治疗方法，加上患猪生产性能下降和高死亡率，使防治本病显得尤为重要。而且因为 PCV2 的持续感染，使本病在经济上具有更大的破坏性。抗生素的应用和良好的管理有助于解决并发感染的问题。同时要加强饲养管理，做好猪主要传染病的免疫工作，可人工被动免疫，自家疫苗的使用，也可"感染"物质的主动免疫。

三、成效与案例

蓝耳病和伪狂犬混合感案例

某猪场后备母猪体重 150 千克还不发情，经产母猪流产，死胎，木乃伊胎严重，母猪患子宫内膜炎，并且有一部分经产母猪断奶后有不发情或屡配不孕现象，经济损失巨大。

（1）临床症状

临床检查发现很多母猪眼流泪，有眼屎，身上苍白，个别有呼吸道症状，个别母猪经常出现发烧，不吃料现象，突然身上发紫，产仔少，个别仔猪出生后震颤，吃不上奶，有的仔猪断奶后经常拉稀，呕吐，个别伴有呼吸道症状。

（2）病理剖检

肾脏有出血点，肺脏为间质性肺炎，肝脾肿大有针尖大坏死点，仔猪腹股沟淋巴结和肠系膜淋巴结坏死。

（3）防治措施

经调查，此猪场使用的饲料是正规厂家生产的，饲料质量没有问题，排除霉菌毒素中毒，结合临床症状和剖检变化初步诊断此病是由蓝耳病、伪狂犬混合感染造成的繁殖障碍综合征。

处理方法：

①后备猪统一注射伪狂犬基因缺失苗，经产母猪产前 1 个月注射伪狂犬苗，仔猪第 30 天注射伪狂犬苗。

②猪场进行彻底消毒，3 天 1 次，对环境、猪舍、器具等彻底消毒，1 年内不外购猪。

③全群用银翘散 1 千克 + 黄芪多糖 300 克 + 妙立素 125 克 + 莫维新 500 克 + 亚硒酸钠维生素 E 每吨饲料 500 克，进行母猪病原体净化，连用 7 ～ 10 天，每月 1 次。

④所产仔猪用龙米先做三针保健：仔猪出生后第 3 天，第 7 天，第 21 天分别注射 0.2 毫升，0.2 毫升，0.5 毫升，提高仔猪断奶成活率，增加断奶重；断奶仔猪用奥来可 1 千克拌 1 吨料，连续添加 20 天，提高仔猪免疫力，预防拉稀，促进增重。

⑤母猪产前 1 天注射龙米先 10 毫升，产后当天注射龙米先 10 毫升，产后消炎，预防产后不食。

⑥对繁殖障碍综合征的治疗不像其他病一样，这种病病程长，需要一定的时间才能有效果，一般怀孕后期的猪疗效甚微，因为母猪早已通过胎盘传播给仔猪了，有些在母猪体内早已死亡。一般刚配种的或空怀的，配完种后所产仔都有明显效果，建议全群母猪用银翘散、黄芪多糖、妙立素、莫维新统一净化，这样一般第二窝所产仔猪都有明显好转。繁殖障碍综合征一般是由多因素引起，一般由蓝耳病毒、圆环病毒、伪狂犬病毒，乙脑病毒等混合感染或双重感染造成，必须采取综合性的防控措施，坚持以保健为主的方针，加上良好的生物安全措施，良好的饲养管理，合理的防疫程序，彻底摆脱繁殖障碍综合征是有可能的。

参考文献

[1] Aarnink A J A, Schrama J W, Heetkamp M J W, et al. Temperature and body weight affect fouling of pig pens[J]. Journal of Animal Science, 2006, 84: 2224 ~ 2231.

[2] Tuyttens F A M.The importance of straw for pig and cattle welfare: a review[J]. Applied Animal Behaviour Science, 2005, 92 (3) : 261 ~ 282.

[3] GB／T 17824.3-2008. 规模猪场环境参数及环境管理 [S]. 北京：中国标准出版社，2008.

[4] NY／T 1755-2009. 畜禽舍通风系统技术规程 [S]. 北京：中国标准出版社，2009.

[5] 董红敏，陶秀萍，刘以连，等．分娩猪舍滴水降温系统的试验研究 [J]. 农业工程学报，1998，14（4）：168 ~ 172.

[6] 付仕伦，谢宝元．冷季提高猪舍环境温度方式之效益分析 [J]. 中国农学通报，2007，23（8）：548 ~ 551.

[7] 李保明，施正香，张晓颖，等．利用地下水对猪舍地板局部降温效果研究 [J]. 农业工程学报，2004，20（1）：255 ~ 258.

[8] 李如治．家畜环境卫生学（第 3 版）[M]. 北京：中国农业出版社，2010.

[9] 田萍，李衡良，姚武群．湿帘降温公猪舍环境状况的测定和评价 [J]. 中国畜牧杂志，2002，38（4）：27 ~ 29.

[10] 汪开英，姜雄晖．夏季猪舍屋顶遮阳降温效果研究 [J]. 家畜生态学报，2005，26（1）：65 ~ 68.

[11] 朱志平，董红敏，张肇鲲，等．猪舍夏季蒸发降温技术的研究与应用现状（综述）[J]. 安徽农业大学学报，2001，28（3）：337 ~ 340.

[12] 掌子凯．畜禽粪便综合利用技术推进研究 [J]. 中国家禽，2012，34(7):1 ~ 4.

[13] 万卫东，刘远丰．湖北养猪业蝶变 [J]. 农村工作通讯，2011（15）：12 ~ 13.

[14] 何云川．湖北农民实现"傻瓜式"标准化养猪 [J]. 农村百事通，2011（2）：12.

[15] 丁山河，刘远丰．生猪标准化养殖技术 [M]. 武汉：湖北省科学技术出版社，2009.

[16] 梅书棋，彭先文．生猪健康养殖研究进展 [J]. 安徽农业科学，2009，37(2):602 ~ 604.

[17] 罗天顺，陶晓英．浅谈"150"标准化健康养猪的几点优势 [J]. 湖南农机，2008(3):154 ~ 133.

[18] 漆龙彦．标准化养猪的"一五〇"模式 [J]. 中国牧业通讯，2007(15)：76.

[19] 郑友民．猪人工授精技术（第1版）[M]. 北京：中国农业出版社，2010.

[20] 欧阳克蕙，王文君，舒邓群．母猪繁殖障碍调查及防治措施 [J]. 养猪，1999(3)：20～21.

[21] 郑明球．母猪繁殖障碍疾病的诊断及防制 [J]. 畜牧与兽医，2002(3)：1～5.

[22] 杨宗照，张书霞，谷根林．浙江省某规模场猪蓝耳病和猪瘟合并感染的诊断 [J]. 中国预防兽医学报，2002，24(3)：231～232.

[23] 郭欣怡，陈亚丽，沈文正，等．母猪繁殖障碍疾病的原因分析及防制 [J]. 动物科学与动物医学，2003(8)：58～60.

[24] 邱基洪，范福贤．自拟中草药防治母猪繁殖障碍性疾病的效果观察 [J]. 中兽医学杂志，2004(2)：7～8.

[25] 田兰芹，傅海燕．3种非传染性因素引起的母猪繁殖障碍 [J]. 江西畜牧兽医杂志，2006(4)：28.

[26] 于桂阳，张吴，黄杰河，等．规模化猪场母猪淘汰原因的调查与分析 [J]. 中国畜牧杂志，2007（22）：14～16.

[27] 陈少华，郑学斌．母猪繁殖障碍性疾病的防制措施 [J]. 现代农业科技，2007(22)：159～160.

[28] 吴志君，伍少钦，秦荣香，等．大型集约化猪场成功清除伪狂犬病的案例分析 [J]. 养猪，2008(4)：60～62.

[29] 周县利．非传染性母猪不孕症病因及治疗 [J]. 山东畜牧兽医，2009(12)：40～41.

[30] 董丽红．母猪繁殖障碍的原因分析及处理措施 [J]. 云南畜牧兽医，2009（6）：9.

[31] 郑学斌，张丽琼．引起母猪繁殖障碍疾病的防制措施 [J]. 当代畜禽养殖业，2009（3）：51～53.

[32] 张桂菊．母猪繁殖障碍性疾病病因分析及防治措施 [J]. 黑龙江动物繁殖，2009(4)：29～30.

[33] 李哲．母猪繁殖障碍性疾病的控制技术 [J]. 畜牧兽医杂志，2010（5）：133.

[34] 吕惠序．母猪繁殖障碍性疾病的病因及综合防控 [J]. 养猪，2010（3）：49～50.

[35] 唐颜林，秦天，王联均．浅谈猪繁殖障碍性疾病的病因及防控 [J]. 疾病防治，2012（3）：16～17.

[36] 全国畜牧总站．生猪标准化养殖技术图册 [M]. 北京：中国农业科学技术出版社．2012.

[37] 马占元，张彦斌．无公害农产品生产技术畜禽分册 [M]. 石家庄：河北科学技术出版

社.2004.

[38] 焦连国，林士奇，赵亚荣.规模化猪场猪瘟与伪狂犬病净化 [C] ∥ 中国畜牧业协会.2008 年中国猪业进展.北京：中国农业出版社，2008.

[39] 张洪本.自然养猪法实用技术手册 [M].济南：山东科学技术出版社，2008.

[40] 郑志伟.生物发酵床养猪新技术 [M].北京：中国农业大学出版社，2010.

[41] 李清宏，韩俊文.猪场畜牧师手册 [M].北京：金盾出版社，2010.

[42] 李清宏，韩俊文.怎样提高养猪效益（第 2 版）[M].北京：金盾出版社，2013.

[43] 韩俊文.猪的饲料配制与配方（第 2 版）[M].北京：金盾出版社，2006.

[44] 张全生.现代规模养猪 [M].北京：中国农业出版社，2010.

[45] 李强.猪场"全进全出"制度的思考 [J].上海畜牧兽医通讯，2008(5):101.

[46] 孔德胜，章熙霞.规模化猪场周间管理 [J].中国猪业，2008(4)，60 ~ 61.

[47] 帅起义，陈顺友，叶培根."单元式全进全出"养猪工艺的管理技术与运行效果 [J].湖北农学院学报，2001，21（1）：35 ~ 37.